U0224888

**图书在版编目（CIP）数据**

软装设计必修课 / 岳蒙等编. — 沈阳 ：辽宁科学技术出版社，2018.11（2018.12重印）
ISBN 978-7-5591-0924-8

Ⅰ. ①软… Ⅱ. ①岳… Ⅲ. ①室内装饰设计 Ⅳ. ①TU238.2

中国版本图书馆CIP数据核字（2018）第198710号

出版发行：辽宁科学技术出版社
（地址：沈阳市和平区十一纬路25号 邮编：110003）
印 刷 者：辽宁新华印务有限公司
经 销 者：各地新华书店
幅面尺寸：210mm×270mm
印　　张：13
插　　页：4
字　　数：220千字
出版时间：2018年 11 月第 1 版
印刷时间：2018年 12 月第 2 次印刷
责任编辑：鄢　格
封面设计：关木子
版式设计：关木子
责任校对：周　文

书　　号：ISBN 978-7-5591-0924-8
定　　价：228.00元

编辑电话：024-23280070
邮购热线：024-23284502
E-mail: Orange_designmedia@163.com
http://www.lnkj.com.cn

# DECORATION DESIGN COURSE FOR YOUNG DESIGNERS

# 软装设计必修课

主编 岳蒙　副主编 林青　编写组 何景 于琳琳 陈枫

辽宁科学技术出版社

·沈阳·

# 目录


008 | 第一章 **| 软装实施 |**

010 **第一节 | 软装和硬装的关系**

012 **第二节 | 软硬包和壁纸的选型**

012 一、软硬包的选型

016 二、壁纸的选型

018 **第三节 | 软装设计八大元素的实施**

019 一、家具

020 1.方案优化

021 2.确定家具外框尺寸

021 3.审核家具加工图纸

021 3.1 审外框尺寸

021 3.2 审材料

021 3.3 审舒适度及比例关系

022 3.4 审细节

024 4.家具能否进入房间

024 5.家具雕花与白坯

024 6.家具木材的使用

026 7.家具的细节

028 二、灯具

028 1.灯具选型的基本原则

036 2.灯具的尺寸

036 3.灯型对尺寸的影响

036 4.灯具的安装

038 三、床品

038 1.床品配置与应用

042 2.床品的颜色与花纹

042 2.1 床品的颜色

044 2.2 床品的花纹

046 3.床品与床屏、床头背景的搭配

048 四、窗帘

048 1.窗帘的颜色

052 2.窗帘的花纹

058 3.窗帘的特殊作用

058 4.非常规窗户窗帘的处理

060 5.窗帘的高度对整个空间的影响

062 五、地毯

062 1.地毯的分类

064 2.地毯的三大功能

064 2.1 遮丑

064 2.2 协调统一

066 2.3 平衡空间色彩

066 3.如何选择地毯

068 4.定制地毯

070 六、花艺
070 1. 花艺的四种风格
070 1.1 现代风格花艺
070 1.2 欧式风格花艺
071 1.3 中式风格花艺
071 1.4 日式风格花艺
072 2. 花艺选型与空间风格
072 3. 花艺的实施
074 4. 真假花的配合使用
074 七、装饰画
074 1. 装饰画的构图
078 2. 装饰画的色彩
078 3. 装饰画的题材
082 八、饰品
083 1. 饰品的选型
083 2. 饰品的摆放
083 2.1 装饰柜饰品摆放
084 2.2 书架、层板饰品摆放
086 2.3 茶几饰品摆放
086 2.4 餐桌饰品摆放

088 | 第二章 **| 软装色彩 |**

090 **第一节 | 色彩感知**
090 一、色彩与社会文化
091 二、色彩的共性和差异
092 **第二节 色彩原理**
093 **第三节 色彩在软装设计中的应用**
093 一、A+B=C配色
093 1. 色彩原理的应用
094 2. A+B=C配色
095 3. A+B=C配色的应用
098 二、色彩在空间六个面上的表现
098 1. 色彩在立面上
100 2. 色彩在顶面上
100 3. 色彩在地面上
102 4. 色彩在中间
102 5. 运用色彩在六个面的表现处理空间
103 三、前景色与背景色的关系
103 1. 案例分析
106 2. 如何使用前景色和背景色
106 3. 前景色和背景色的处理要点
108 四、空间的主题色彩
108 1. 色彩主题的来源
112 2. 主题色彩如何选择
114 五、色彩案例分析
114 1. 江西南昌绿地集团别墅样板间
124 2. 济南章丘杰正地产林里·天怡项目样板间
128 **第四节 | 色彩学习**
128 一、向大师学习色彩
130 二、时装中的色彩学习
132 三、电影中的色彩学习

134 | 第三章 **| 软装提案 |**

136 **第一节 | 如何学习软装**

136 一、软装到底是做什么?

136 二、软装设计师如何学习

136 1.灵感来源

140 2.主题的组合应用

142 **第二节 | 如何做出打动甲方的方案**

142 一、方案初期的三个原则

142 二、场景的营造

142 1.虚拟客户形象

143 2.营造生活场景

144 三、如何把大空间的问题拆解

144 1.项目定位

144 2.人物定位

145 3.风格定位

145 4.色彩定位

145 5.元素定位

145 6.细节定位

145 7.六大定位实例分析

148 **第三节 | 软装方案的构成**

148 一、户型分析

148 1.平面图分析

150 2.效果图分析

153 二、典型客户分析

153 1.人物设定

158 2.风格设定

158 2.1 巴洛克风格

160 2.2 洛可可风格

161 2.3 巴洛克风格与洛可可风格对比

162 2.4 中国艺术风格

164 2.5 装饰艺术风格

166 2.6 风格公式

168 三、设计方案

169 1.户型分析实例

170 2.典型客户分析实例

172 3.设计方案实例

172 3.1 硬装材料的分析

172 3.2 软装色彩分析

172 3.3 收纳空间分析

176 3.4 最终设计方案

190 **| 后记 |**

# 1 ELEM

# & INST

# LATION

ENTS

AL-

IS

# 第一章 软装实施

## 第一节

# 软装和硬装的关系

软装和硬装有非常密切的关系。硬装通过六个面——四面墙面、地面和天花组合成一个空间，这个空间称为“一次空间”。由于硬装的特性，它在完工后很难改变，但后期可以通过家具、窗帘、地毯等软装陈设来丰富空间的层次，合理化功能，让空间更好用，所以软装是对整个空间的第二次改造，也称为“二次空间”。如住宅空间（图1），软装对整个空间的主导体现得还不是那么明显，但像酒店大堂、开敞办公等空间（图2），软装就会起到决定性作用，不仅使功能合理化，也是功能的体现。

1

2

图 1 住宅空间
图 2 开敞办公空间
图 3 软装与硬装的关系 (1)
图 4 软装与硬装的关系 (2)

所以对软装和硬装来说，硬装是背景，为整个空间打底，而软装是前面的主角（图 3）。也像舞台剧，硬装是一个大舞台，而软装是前面的一个一个剧目（图 4）。

硬装和软装结合最密切的地方是墙面。因为从体量上讲，墙面是四个面，天花与地面各有一个面；从色彩上讲，天花一般都是白色、灰色，对软装颜色使用没有影响，地面也可以通过地毯来调整，所以狭义地讲，处理好墙面的材质（一般是墙面软硬包、壁纸、乳胶漆等）和颜色，就控制了整个空间的效果。

3

4

图 5 香港丽兹酒店客房
图 6 上海华尔道夫酒店客房
图 7 首尔柏悦酒店客房
图 8 新加坡文华东方酒店客房

# 第二节

# 软硬包和壁纸的选型

在项目实施的过程中，软装设计阶段遇到的第一个问题就是选硬装的物料。墙面材料的选型关系到软装的效果，所以与软装方案要结合起来。一般来说，硬装物料由硬装设计师来选择，所以，下面重点来讲软硬包和壁纸在色彩上选型（乳胶漆在色卡里选色号即可，比较简单）。

5

## 一、软硬包的选型

对于住宅空间，软硬包一般是在沙发的背景墙、电视墙、卧室的床头等位置。软硬包的纹理一般是暗纹（整体一色，花纹只是凸凹的纹路），只要用对颜色就可以保证设计效果。做住宅空间时，经常会参考酒店处理墙面的手法。先来看一下五星级酒店是怎么选型的（图 5 ~ 图 8），注意床头背景材质和颜色。

6

通过这些酒店的床头背景可以发现一个规律：这些客房床头背景墙面无论是什么颜色，都不是很纯的颜色，都带有一定灰度。带有灰度的颜色，在视觉上给人一种高级感。所以初学阶段，在选软硬包颜色时，避免选特别纯特别亮的颜色，加入一点灰度，会让空间更有品质感。

7

8

图 9 色彩对比（1）
图 10 色彩对比（2）
图 11 色彩对比（3）

来看一下具体的对比（图 9 ~ 图 11），重点关注左边图片与右边图片颜色对比。左边图片墙面颜色非常亮，纯度非常高，而右边图片墙面颜色加入了灰度，品质感就立刻出来了。

10

9

11

## 二、壁纸的选型

图 12 床头背景墙用花色壁纸
图 13 从花纹壁纸的颜色里吸取素色壁纸颜色
图 14 卫生间油漆色彩来自于壁纸
图 15 时尚条纹壁纸装饰的空间

壁纸有花纹壁纸和素色壁纸，花纹壁纸比较常用。花纹壁纸和软硬包一样，一般是用在沙发背景墙、电视墙、床头背景墙等重点部位，其他墙面用素色壁纸（图 12）。

关于如何使用素色壁纸和花色壁纸，先看一个案例（图 13）。通过这个案例可以看出一个小诀窍，就是素色壁纸的颜色，一定要从花纹壁纸的颜色里边吸取，这样，整个空间就没有违和感，非常自然。这个原则窗帘选择里面也同样适用，后面在关于窗帘面料选型的部分会重点讲解。

不仅是壁纸的选择，硬装也是如此。如卫生间（图 14），硬装油漆的颜色也可以从壁纸里吸取。

12

13

14

壁纸本上的壁纸小样，颜色是真实的，可以直接感受。但是壁纸小样上的花纹可能会给人错觉，由于面积小，觉得花纹大小很合适，但是施工的时候大面积贴出来可能就会花了。那怎么来避免这个问题呢？ 如果壁纸本上有此款壁纸的效果图，一定要看。为帮助设计师理解花纹的大小，效果图里会有家具或者饰品来做对比，这样就能很直观地了解此款壁纸上墙以后是什么样的效果。如果是时尚条纹壁纸（图15），选型的时候要特别注意条纹的宽度，有条件的一定要放到空间效果图里去看空间完成的效果。

15

## 第三节

# 软装设计八大元素的实施

软装八大元素包括家具、灯具、床品、窗帘、地毯、花艺、装饰画和饰品，八大元素的实施是交叉进行的，互相之间都有关联（图 16）。

1 4 8 12 16 20 24 28 32 36 40 44

家具图纸、框架、油漆、包布 40 天 2 天
灯具图纸、框架、镀膜、灯罩 25 天 3 天
地毯色球、图纸、染线、编织 28 天 3 天
窗帘测量、布料、辅料、加工 25 天 3 天
床品选布料、样式、细节、加工 25 天 3 天
装饰画绘制、选框、加工 20 天 4 天
花艺 8 天 4 天
饰品采购 15 天 4 天

加工时间
运输时间

16

以上工作可以交叉进场，共计进场时间为 40 天

图 16 软装八大元素加工周期列表
图 17 家具加工工艺流程及监控点

## 一、家具

家具是软装八大元素里面最重要的部分，因它在空间中所占体量比重最大，决定了空间功能划分及空间整体调性。

首先了解一下家具的加工工艺流程（图 17）。工艺流程中的标红节点是设计师必须把控验收的关键节点，这几个节点关系到家具的品质。

家具生产的流程是设计师提供家具图片及外框尺寸（长 W、宽 D、高 H）给家具厂，家具设计师出家具加工图纸，图纸出来以后交由设计师审核，审核通过后下单生产。但是这中间还有一些需要注意的问题，接下来重点了解以下几个问题。

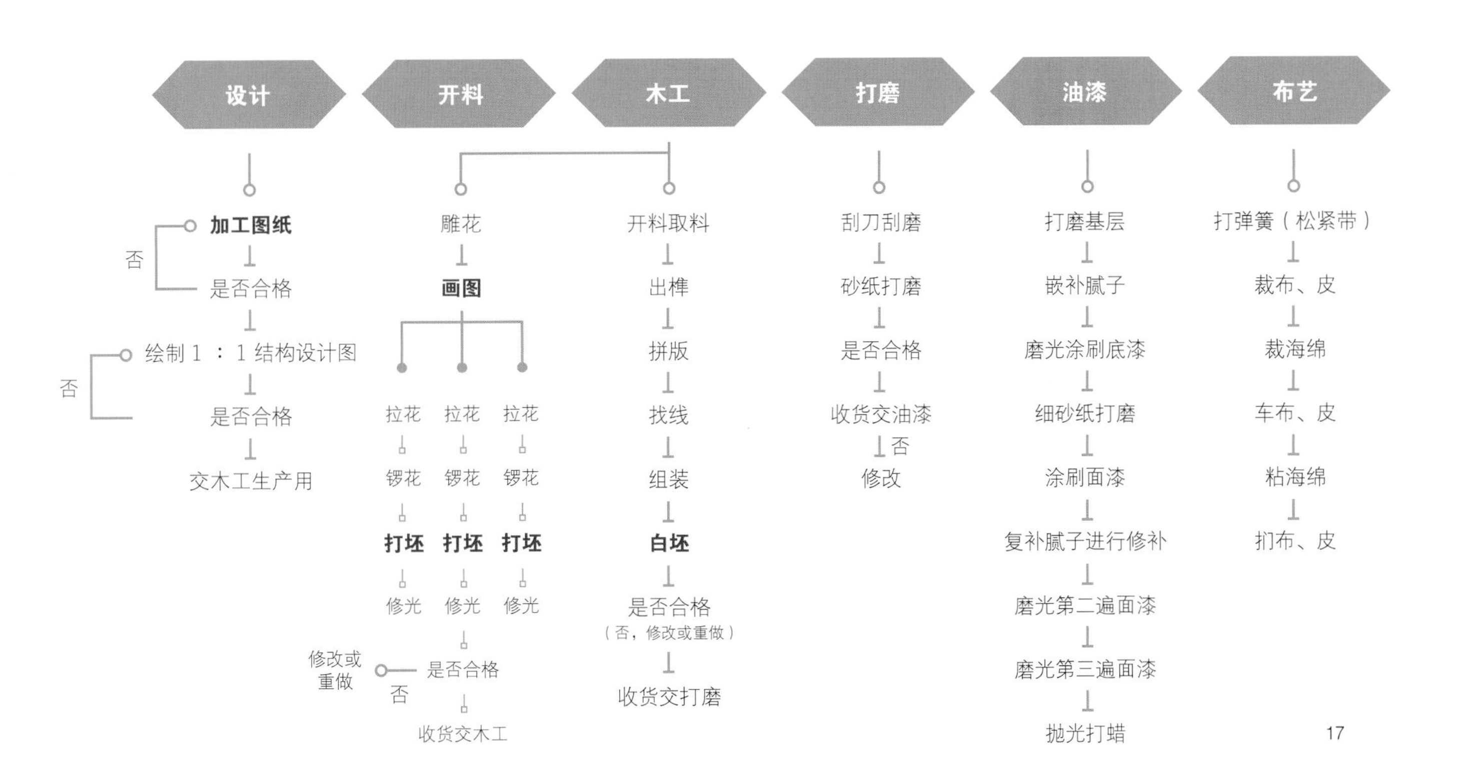

17

图 18 餐厅家具初始方案
图 19 餐椅改造
图 20 沙发尺寸

## 1. 方案优化

在审家具加工图之前，还有一个重要的事情要做——优化方案。在初期方案阶段，由于时间原因或者对项目的了解还不够深入，此阶段方案可能会存在设计师不曾发现的问题，或者是方案还不够完美。加工下单之前，还可以做一轮方案优化。下面这个案例是绿地某项目，此项目打造的是文化旅游式的生活方式，甲方提出中式休闲度假风格的方向，看一下最初的餐厅家具方案（图 18）。

在后期实施的时候，设计师觉得餐厅方案与整体定位不符，初始方案家具选型比较硬朗，与度假的放松感觉有冲突，因此实施前做了优化。设计师对餐椅进行了改造（图 19），椅背中间加入了藤编材质，更贴合休闲度假风格。改造以后，餐椅轻松的感觉有了，但还不够精致，品质感还是有点差，因为客户定位是中高端，为提高餐椅的品质感，又做了一次优化，餐椅靠背上配置五金装饰件，此时，餐椅的休闲感和品质感都得到了提升。通过案例可以看出，优化方案时，设计师一定要明确打造什么样的效果，这样才能清晰优化方向。

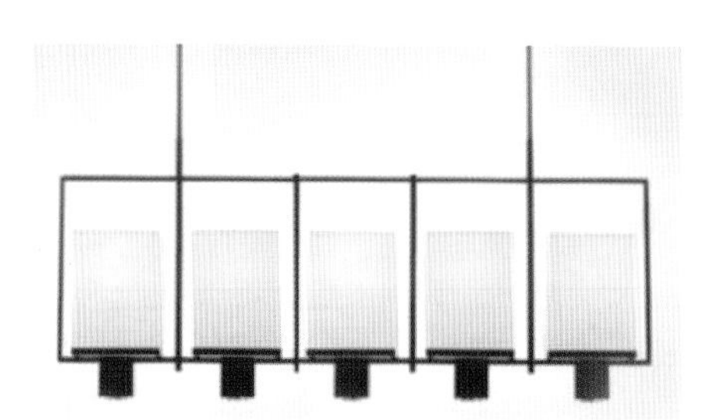

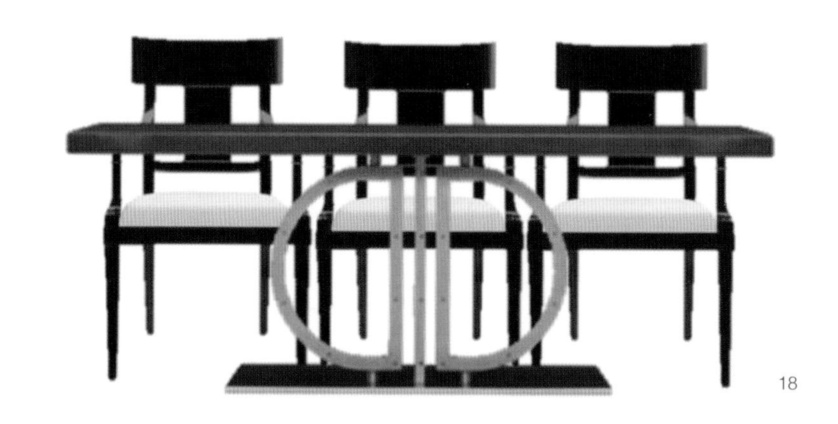

18

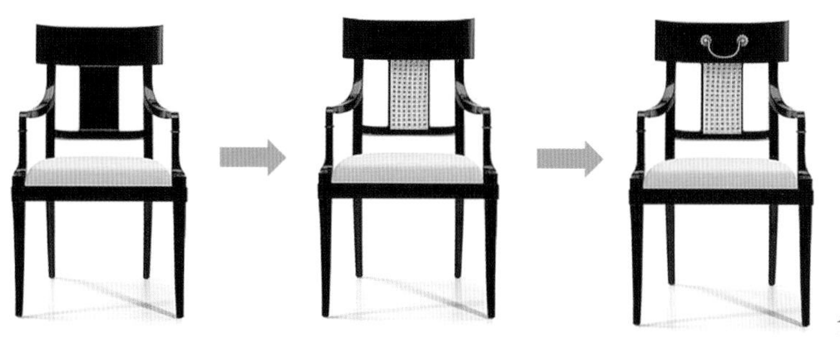

19

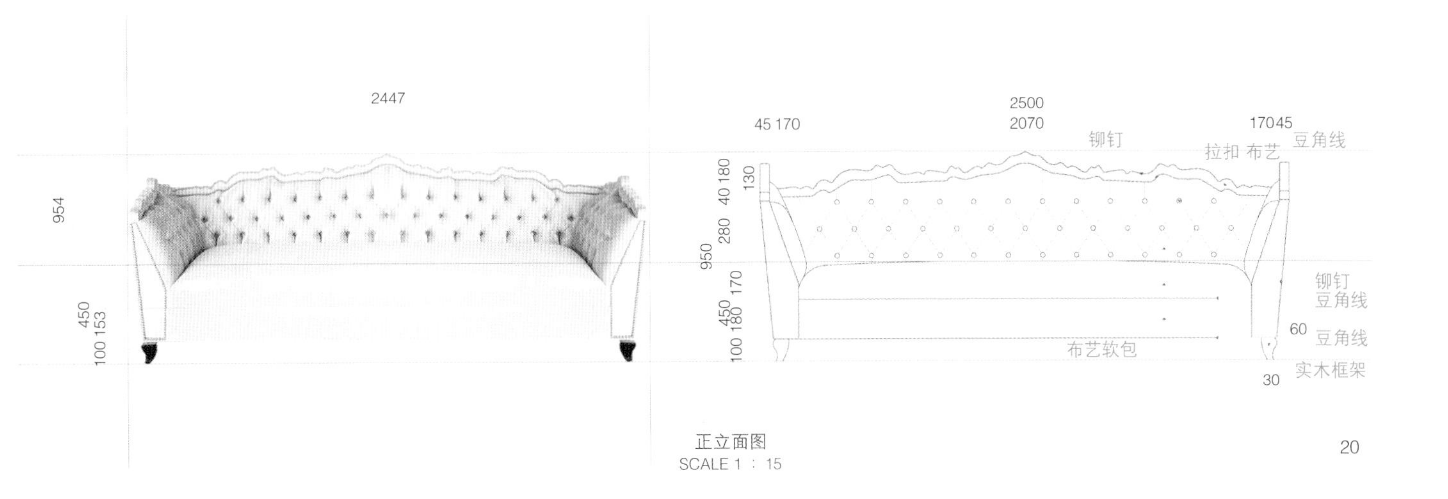

正立面图
SCALE 1 : 15

2. 确定家具外框尺寸

家具外框尺寸需要经过在装饰施工图上放样和项目现场家具放线后确定。首先，装饰施工图家具放线，复核平面图、立面图上的家具尺寸，然后现场放线。可以用报纸、卡纸剪出家具的平面尺寸，放到相对应空间去感受它的尺度，或用笔在地面上画出家具的平面轮廓，去感受尺度，核实通道尺度是否足够等，直到调整到合适的尺寸，再确定家具的长度和宽度尺寸。然后在墙面上画出家具的外框尺寸，调整到合适的比例关系，确定家具的高度和宽度。现场放线还有一个需要注意的地方，就是硬装预留点位位置是否有冲突，如果有冲突就需要调整家具尺寸，解决配电箱问题。

3. 审核家具加工图纸

家具方案优化确定后，出外框尺寸给家具厂，家具设计师出加工图纸。拿到加工图纸以后，设计师面临着非常重要的工作——审加工图。在这里分享一些工作经验。

审图主要有四个步骤：审外框尺寸、审材料、审舒适度及比例关系、审细节（材料收口、细节做法、装饰条尺寸、五金配件）。

3.1 审外框尺寸

拿到加工图纸，先核对一下外框尺寸与提供给家具厂的尺寸是否一致，然后把家具俯视图放到施工平面图上核实尺寸，再把家具正立面图、侧立面图放到施工立面图上核实尺寸与比例。核实家具尺寸和比例时，一定要在施工立面图上放出装饰画外框线，家具尺寸与装饰画尺寸同时确定。

3.2 审材料

认真审核家具图纸上标注的材料与设计师的要求是否一致。对于没有明确材料和做法的地方，要求家具设计师补充完成。加工图作为指导加工制作的图纸，务必详尽准确，以免后期效果不满意需要调整时，互相推卸责任。图纸材料标注无误后，设计师可以要求家具厂出材料小样，材料小样主要是为了确认材料的颜色、纹理和油漆做法。油漆有封闭漆和开放漆，油漆光亮度分为亚光、三分光、五分光、七分光和全亮光，光亮度需要设计师确认。石材需要家具厂提供石材小样及大板照片，以便确认花纹。

3.3 审舒适度及比例关系

家具外框尺寸和材料确定后，接下来审核家具舒适度及家具本身比例关系。舒适度主要看是

图 21 家具初始加工图纸
图 22 调整后的家具加工图纸

否符合人体工程学，例如椅子的坐高是 45cm，沙发的进深至少是 80cm 等。家具本身比例关系是看家具形体是否美观，这需要经验的积累才能做到。初学者可以借助一些常规尺寸来审图，快速发现问题所在。

例如，沙发的坐高大约是 45cm，可以在 CAD 图纸上把沙发的高度调整到 45cm（图 20），这样其他尺寸也可以在 CAD 中测量出来，然后把家具加工图纸和家具图片对齐，哪里不同一目了然。是高度有问题，还是腿粗了，都可以看出来，这是一个非常快速简洁的方式。再比如，餐桌的高度也有一定的尺度，一般是 75 ~ 80cm，只要控制好这个高度，所有的尺度都可以量出来。从国外网站上下载的家具图片，如果是品牌家具，有时能找到外框尺寸，审图时可以参考正品的尺寸。

### 3.4 审细节

审细节主要是审材料收口、细节做法、装饰条尺寸和五金配件。如这张初始加工图纸（图 21），看一看有没有问题。

16cm 的椅背太宽，整体头重脚轻，比例有问题。后期调整为 13cm，不要小看 3cm，这个差距对整个家具的形体和美观度影响非常大。椅腿部 5mm 差别，就会影响一件家具的美感。椅背中间藤编收口的两侧为 15mm，设计师觉得不够精致，要求做到 5mm。家具设计师做只能做到 8 mm，设计师觉得是可以接受的，比 15 mm 的效果要好很多（图 22）。

除了审单件的家具，同一空间有关联的家具还要统一审核。比如餐厅，除单独审椅子，审餐桌，餐桌和餐椅还要放在一起审核。如果餐椅是带扶手的，一定要在图纸上放出来，扶手能不能推到桌子下面，能推进多少。掌握这些数据以后，在平面图上放出桌椅，看餐桌长度是否能容纳三件餐椅，这些都是要审的。然后整体放进施工平面图，再审核通道的尺度，到这里，椅子的图纸才算审完。

五金配件能对家具起到画龙点睛的作用，因此它的选择尤其重要。不要觉得五金是件小物件，不重要，就可以放心地交由家具厂自行决定，这可能会毁了设计师之前所有的努力。另外，不论大小家具都应该亲自确认把手，如果家具厂提供的把手不合适，可以从网上或其他渠道采购。

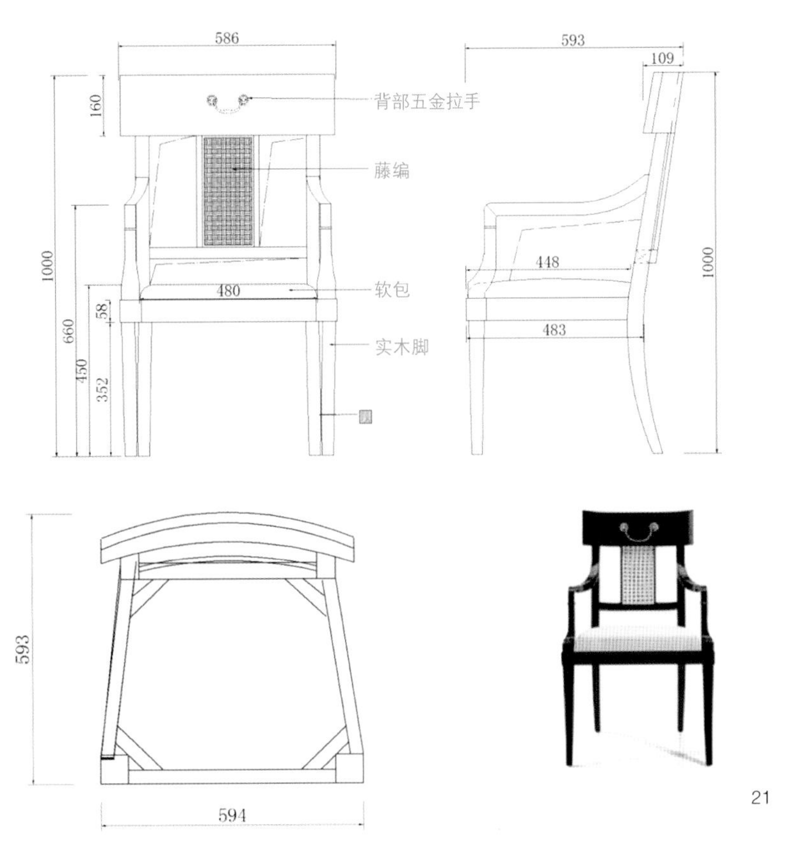


F-06 餐椅 6 件，常规尺寸，桦木实木框架 + 高档面料，椅背前后加上藤编，背部有五金件

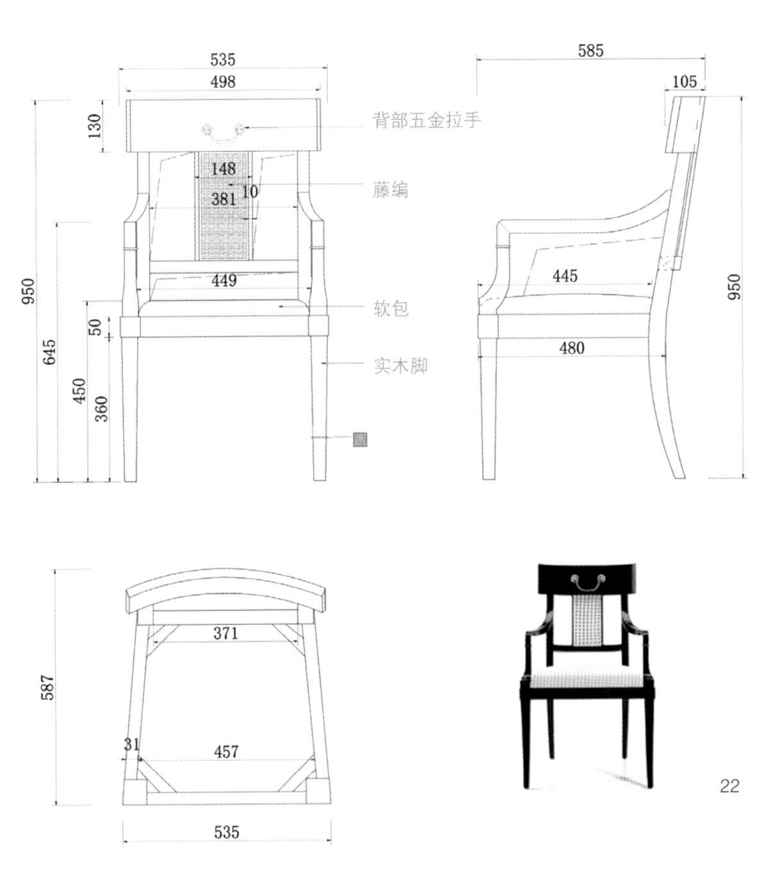


F-06 餐椅 6 件，常规尺寸，桦木实木框架 + 高档面料，椅背前后加上藤编，背部有五金件

图 23 客厅沙发图纸
图 24 衣帽间平面图

4. 家具能否进入房间

做完以上审核的工作，还要检查较大的家具是否能进到房间里，比如客厅的沙发、卧室衣柜等。

例如，客厅沙发长度 2.7m（图 23），审核完加工图纸后，查看沙发是否能通过电梯、楼梯、走廊等通道进入房间。电梯轿厢的高度一般在两米左右，沙发 2.7m 肯定进不去。可不可以走楼梯呢？这就需要去核实楼梯间的宽度和高度，以及在休息平台处是否能调转角度。如果电梯楼梯都通不过，可以将家具拆成两部分，家具框架是一部分，坐垫是一部分（因为坐垫比较软，怎么都可以运进来）。后期组装完成后，基本看不出来是拆分的。

除了这些体积大的家具，其他家具也需要确认，还要再看一遍加工图。例如这个衣帽间（图 24），在这个衣帽间里面，做了一个化妆台。硬装阶段的设想是软装化妆台插接到硬装衣柜造型里。平面施工图上化妆台长度是 1.3m，无论怎么旋转这个桌子， 1.3m 都插不进去。最后化妆台长度确定为 1.2m，没有实现插接式的设想。所以软装和硬装结合部位要慎之又慎。

5. 家具雕花与白坯

如果家具有雕花，并且不是常规雕花，一定要做石膏模型打样。

家具白坯阶段虽然还是半成品，但是已经能看到家具轮廓，木制作形体已经完成，各部分比例关系都已确定，能很直观地感受家具尺度，家具的比例美与不美都在此节点体现，所以白坯也一定要审核。

6. 家具木材的使用

在这里不去过多关注家具木材的种类，在实际工作中，除非甲方或者业主有特殊要求，设计师也不必考虑到底要用什么样的木头，重点考虑的是它的花纹和颜色。

同种木材，国产和进口的花纹不同，不同批次的木材花纹也不一样。你想要樱桃木花纹，可能家具厂提供过来的樱桃木不是你想要的花纹。所以不要去纠结是什么样的木头，而是要明确什么样的花纹，是山纹、直纹还是树瘤。常用的木材有樱桃木、白蜡、橡木、黑檀以及影木。

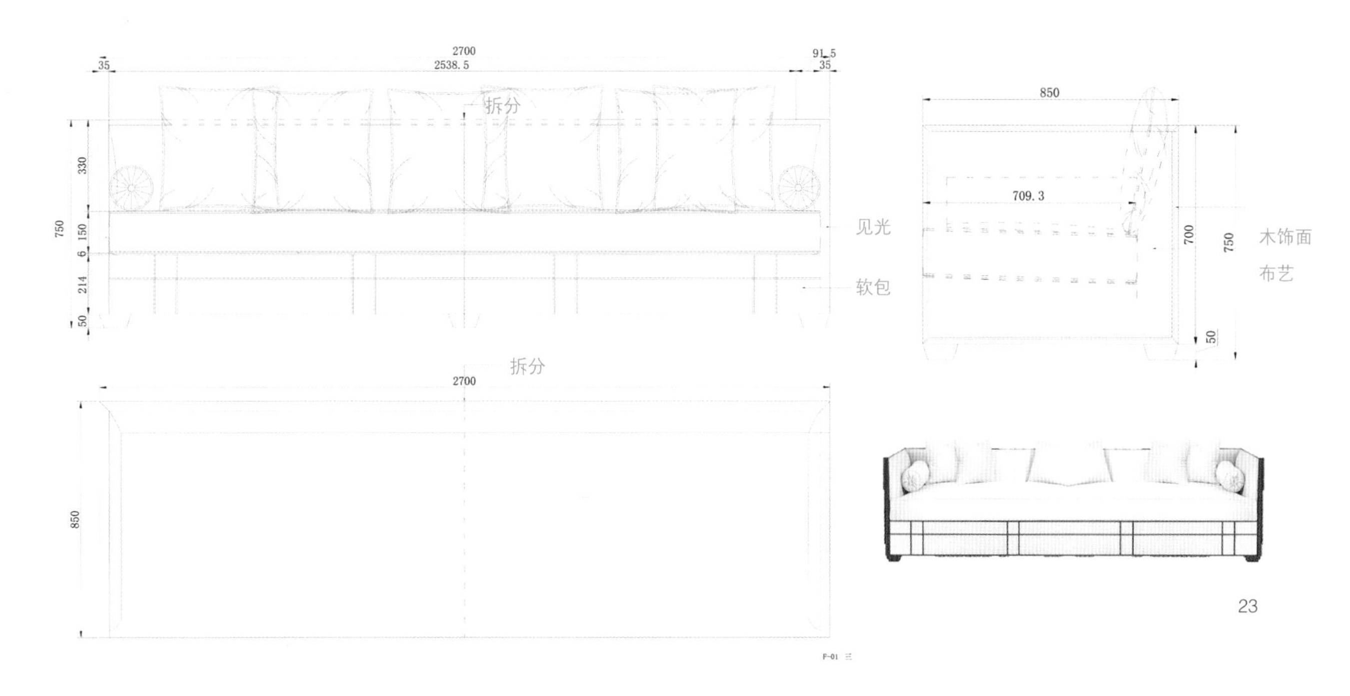


23

F-01 三人位沙发 1 件，W2700 × D850 × H750，桦木实木框架 + 高档面料，分两块做，进不去现场，坐垫做一个完整的

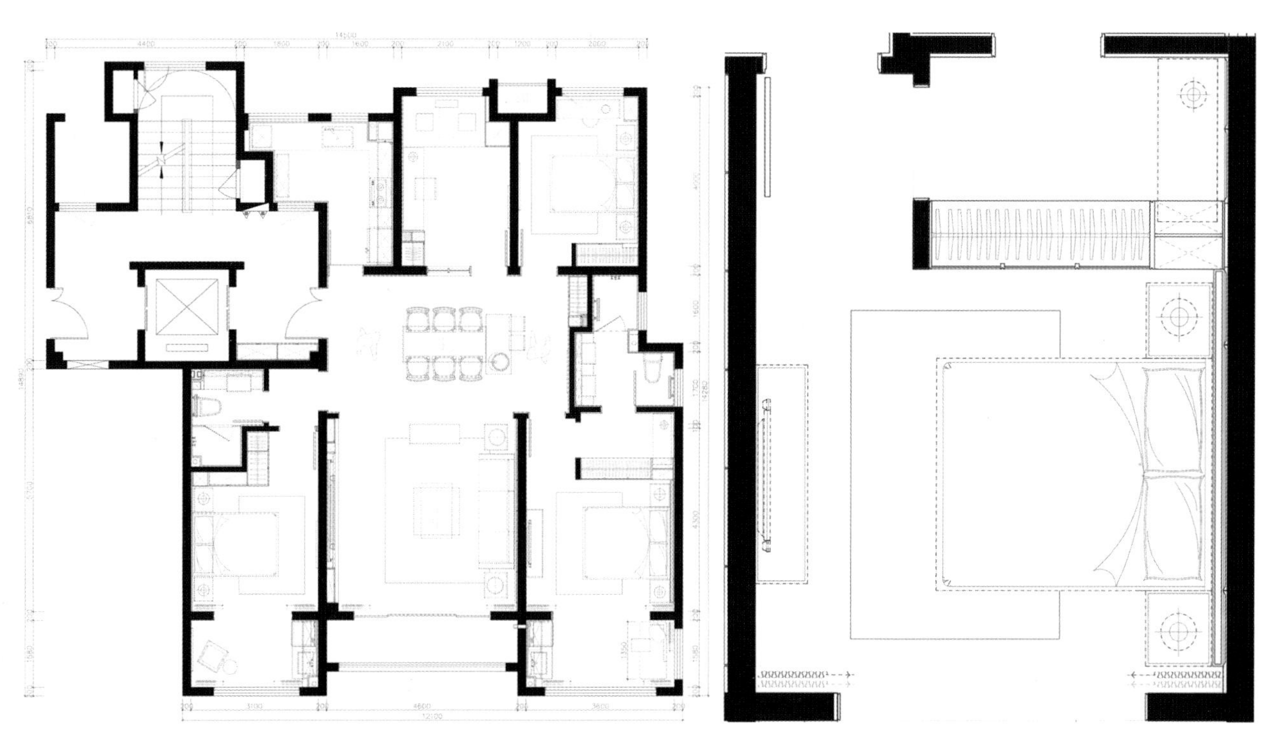

24

看一下这些木材在著名家具品牌中的应用。影木在宾利家具中使用较多（图 25）。单人沙发、装饰柜、写字桌、茶几，都会使用影木。想要宾利家具这种效果的时候，可以选择影木。有条件的话建议到实体店去看看正品，百闻不如一见，见了实物以后才能给家具厂提质量要求。芬迪家具多用黑檀（图 26），注意一下它的花纹、油漆。

25

阿玛尼家具用橡木比较多（图 27），具有东方的感觉，在做新中式和东方主义风格的时候，可以参考它的木材、油漆及面料。另外，家具的光亮度也都可以参考国际知名品牌。

### 7. 家具的细节

在家具加工过程中，决定品质的不仅是工艺，还有细节，比如各种绲边（图 28、图 29）。

26

27

图 25 宾利家具中影木的使用
图 26 芬迪家具中黑檀的使用
图 27 阿玛尼家具中橡木的使用
图 28 绲边体现家具的形体美和轮廓
图 29 压线绲边和铆钉绲边

28

29

图 30 拼接装饰柜
图 31 装饰柜的完整性
图 32 中式风格空间（1）
图 33 中式风格空间（2）
图 34 港式风格空间（1）
图 35 港式风格空间（2）
图 36 现代风格空间（1）
图 37 现代风格空间（2）
图 38 简欧风格空间（1）
图 39 简欧风格空间（2）
图 40 同一空间中使用同款灯具（1）
图 41 同一空间中使用同款灯具（2）
图 42 同一空间使用材质、颜色相同灯具（1）
图 43 同一空间使用材质、颜色相同灯具（2）
图 44 同户型不同空间灯具（1）
图 45 同户型不同空间灯具（2）


一般服装界和时尚界流行什么，家具也会跟着这个趋势走。比如拼接，纯黑的装饰柜加入些许白色，立刻呈现出了艺术感（图 30）。

选择家具时，一定要知道这件家具的灵魂是什么。如装饰柜（图 31），假如把上面四个水晶装饰球去掉，这个家具还是一个完整的家具吗？它的灵魂还在吗？如果把中间的金属花型去掉，它还是一个完整的家具吗？一定要知道哪些可以减，哪些必须要保留。此家具的灵魂就是中间的金属花型。

30

## 二、灯具

### 1. 灯具选型的基本原则

符合空间整体风格。看几组不同风格空间的灯型选择（图 32 ~图 39）。

同一空间多个吊灯时，优先使用同款灯具（图 40、图 41）；同一空间使用不同款灯具时，选择材质、颜色相同灯具（图 42、图 43）；同户型不同空间灯具选型、风格、材质要一致（图 44、图 45）。

31

32

33

34

35

36

37

39

40

41

42

43

44

45

图 46 常规空间常规灯具的尺寸
图 47 圆形布罩灯具
图 48 扩散型灯具
图 49 吊扇灯在空间中的应用

## 2. 灯具的尺寸

无论是成品灯具还是定制加工灯具，最重要的是尺寸。有的项目，灯具选型很漂亮，非常精致，但安装后整个空间没有呈现出好的效果，其实就是灯具尺度有问题。要知道多大的空间（多少平方米）大概适合什么样的尺度（图 46）。

## 3. 灯型对尺寸的影响

影响灯具大小的不仅仅是空间尺度，还有灯具的型。不同灯型对尺寸影响非常大。如灯具外框是圆形布罩，并且不太通透（图 47），采购或加工时应调小尺寸。相应地，有些灯型尺度要加大。如吊扇灯和分子灯虽然扇叶非常大，但却是扩散型的（图 48），安装后给人的感觉偏小偏弱，采购或加工时应调大尺寸。

再看一个具体项目案例（图 49），该吊扇灯直径是 1.37m。

## 4. 灯具的安装

灯具安装也是重要环节，前期需要做足准备工作。

如果灯具总重量大于 3 千克，需要预埋吊筋。

大型灯具需要核算灯具重量，给设计院复核结构承重。大型灯具总功率（总瓦数）需要给甲方复核是否超过预留电箱的总配电功率。

高大空间大型灯具安装需要搭接脚手架或龙门架，需要提前联系好供应商。

大型灯具更换光源困难（如售楼处挑高空间灯具），建议使用寿命长的 LED 光源。同时预留部分光源给甲方备用。

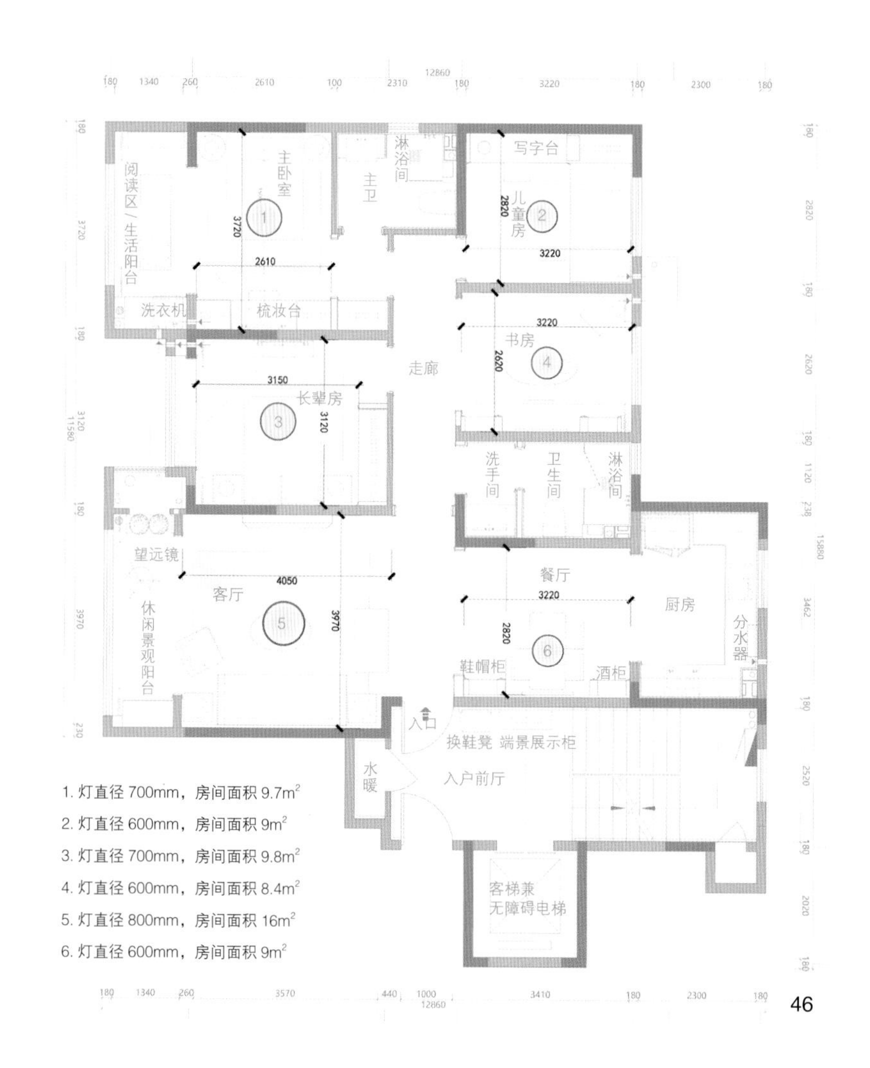

46

47

48

49

图 50 标准欧式床品配置
表 1 常用抱枕常规尺寸

## 三、床品

### 1. 床品配置与应用

先看一下标准欧式床品配置（图 50）（实际应用时可以进行简化）和常用抱枕常规尺寸（表 1）。

| 类型 | 尺寸（cm） |
| --- | --- |
| 长枕 | 20×75<br>25×65 |
| 长枕 | 15×40 |
| 腰枕 | 35×90<br>30×60<br>30×40<br>25×50 |
| 欧枕 | 65×65 |
| 方枕 | 45×45<br>40×40 |
| 圆枕 | 40（直径） |
| 大枕套 | 50×90 |
| 标准枕套 | 50×65 |

图 51 常规床品的十种排列
图 52 常规床品第一种排列形式在酒店中的应用
图 53 常规床品第五种排列形式在样板间中的应用
图 54 常规床品第八种排列形式在样板间中的应用

常规床品有十种简洁排列，应用时基本是在这十种形式里选定（图 51）。第一种形式常用在酒店的客房（图 52），第五种和第八种形式常用在样板间中（图 53、图 54）。

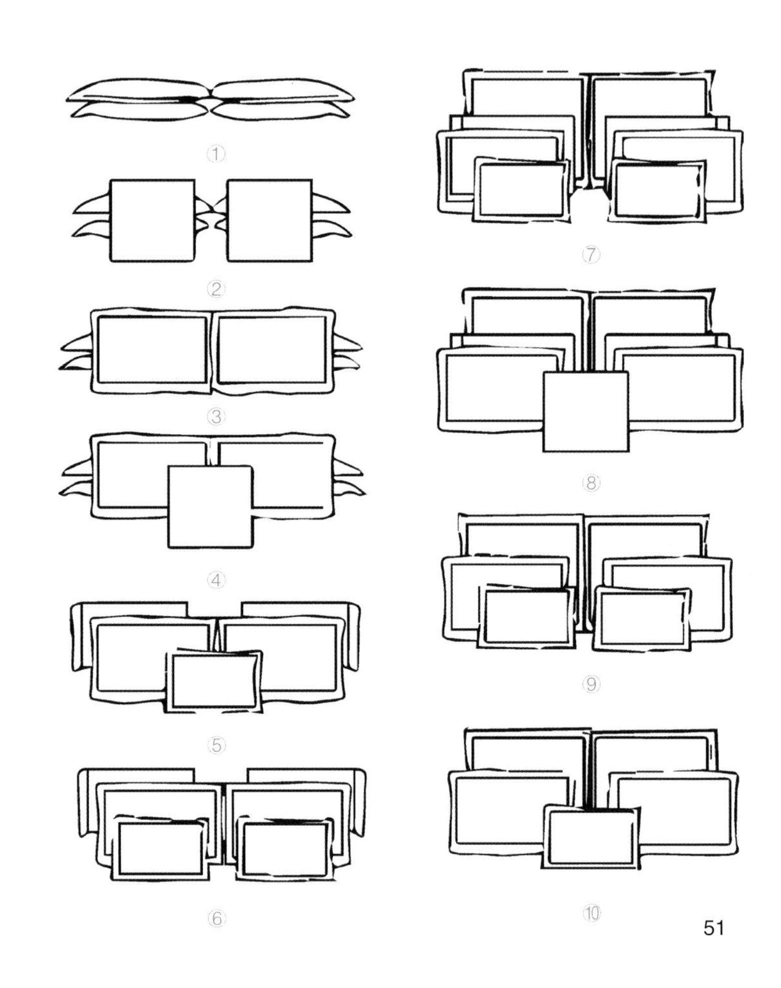

51

52

53

54

图 55 卧室中的床品
图 56 床品颜色搭配对比
图 57 床品颜色的呼应
图 58 儿童房颜色的呼应
图 59 书房颜色的呼应

在实际的操作中，不是只有这十种形式，根据情况可以有所调整，例如将两个抱枕调整为三个抱枕（图 55）。其实还有很多种变化的形式，根据具体的项目，具体想表达的效果做不同的调整。

## 2. 床品的颜色和花纹

无论哪种床品排列形式，在实施时都要注意两个要点，一是颜色、二是花纹。床品颜色和花纹都要讲究呼应。

### 2.1 床品的颜色

先看一个案例（图 56），左右两张图片床头柜上的画不同，右边效果更好一些，因为画与床品的颜色有呼应，整体更协调。再看一个颜色呼应的例子（图 57）。

55

56

57

再看一个位于威海的真实儿童房案例（图58），分析一下颜色。从地板到床品、床头柜、饰品，再到画、窗帘以及角线，都有颜色的呼应。使用蓝色角线是一个实验。拿到硬装方案时，设计师觉得如果空间墙面和天花都是白色乳胶漆，墙面与天花交接界限不明显，天花与墙融在一起了。怎样让天花与墙面区分更明显？设计师把这个空间主色调蓝色往上延伸，把角线也改成了蓝色，让蓝色把整个空间提亮，天花与墙面也有了区分。同一项目的书房（图59），从地毯到椅子、台灯、画，再到吊灯，颜色都是呼应的。

图 60 常规面料颜色花纹
图 61 多种花纹在室内中的应用
图 62 花纹床品应用在素净的空间环境
图 63 常见花纹抱枕和素色抱枕排列
图 64 个性化抱枕

## 2.2 床品的花纹

先看一下常规面料颜色花纹（图 60）。带花纹的面料并不是使用越多越好，花纹太多如果处理不好，整个空间会很乱，没有视觉的焦点，产生视疲劳（图 61）。什么样的环境要用花纹、什么样的环境要用素色要根据空间环境来确定，如果墙纸非常花，那床品就不要再用花纹了，要用干净的素色。如果要使用花纹，最前边的抱枕用个小小的花纹，和墙面有个呼应就好。床品的颜色，也要从墙的颜色中来提取。如果空间环境是非常素净的颜色，床品就可以用花纹（图 62）。

这是常见的花纹抱枕和素色抱枕的四种排列方式（图 63）。两种花纹的抱枕，如果都是有机的，或者都是几何形状的，尽量不要放在一起，会起冲突。两种大花纹抱枕用素色抱枕隔开，或者独立出现。如果非要放在一起，花纹大小，还有花形的题材都不要一样。

多数情况下，市场上成品抱枕并不能满足床品设计要求，设计师常常需要自己设计抱枕形式（图 64）。

60

61

62

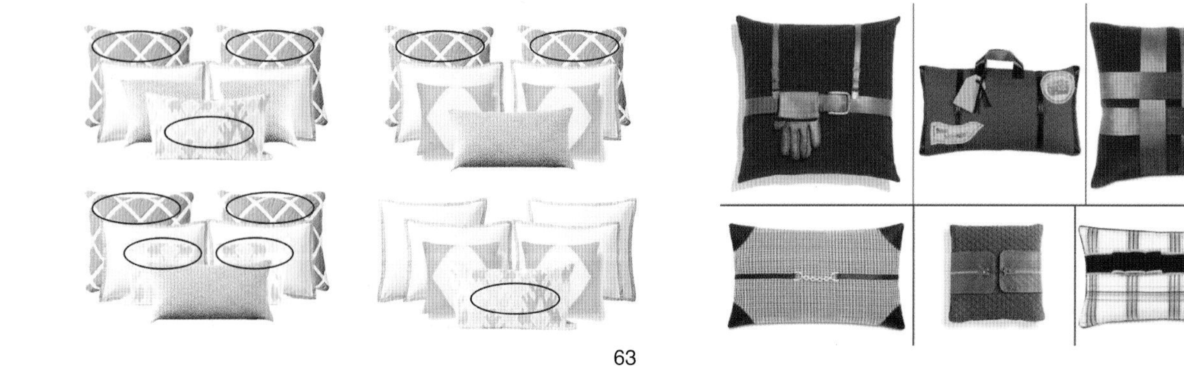

63

64

3. 床品与床屏、床头背景的搭配

同一个床屏，不同的抱枕可以打造出不同效果（图 65）。

床屏与床头背景颜色是同一个色系时，床品颜色一定要跳脱出来（图 66）。床屏与床头背景颜色对比强烈，已经跳脱出来时，床品颜色处理就要稳（图 67）。

床屏与背景墙和床品的颜色太接近，会糊在一起（图 68）。但是如果床品被赋予了颜色，整个空间效果会更好。

有时会遇到这样的情况，软装项目完成后，甲方不满意，很多时候是用色问题。比如前面整个空间糊到一起的情况。这种情况下，甲方已经付过费用，预算有限，不可能整体重新设计。就要想方法以最低费用解决问题。这个空间主要是颜色问题，可以把台灯罩换掉，两边的颜色就跳脱出来了。床品可以更换一个抱枕，整个空间就有了色彩层次（图 69）。当然还可以做更好的调整，这里不一一赘述。

65

图 65 同一床屏与不同抱枕的搭配
图 66 床屏与床头背景颜色属于同一色系
图 67 床屏与床头背景颜色对比强烈
图 68 床屏与背景墙、床品颜色太接近
图 69 调整颜色后的方案

66

67

68

69

## 四、窗帘

这里不过多研究窗帘形式与面料，主要讲如何选择窗帘颜色与花纹。

1. 窗帘的颜色

纯色窗帘与墙体颜色要差三个色号。可以比墙体浅三个色号，也可以比墙体深三个色号（图70），因为如果墙面和窗帘同一个色号，颜色会糊在一起（图71）。

以实际案例说明一下如何应用。先看一下白墙。白墙是最好选配窗帘颜色的，无论何种颜色都可以与墙面颜色拉开（图72、图73），最常用的是灰色或者咖色。

精装项目经常会用到米色的乳胶漆，对于这种米黄色墙面，用冷色窗帘效果更好（图74）。深色墙体浅色窗帘、灰色墙体白色窗帘或灰色窗帘（图75）、深咖的墙体浅咖的窗帘，都非常协调。

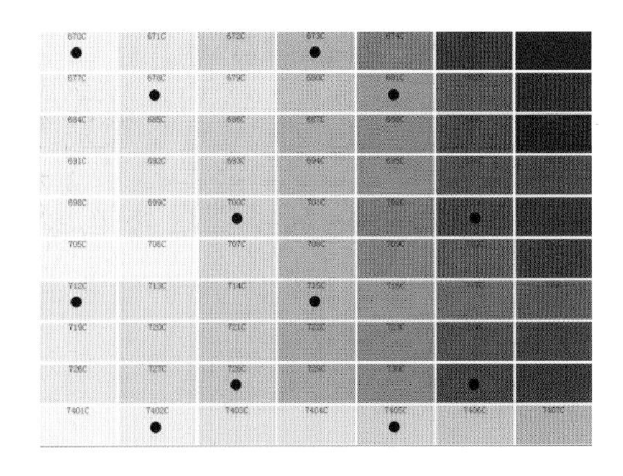

70

71

72

73

图 70 色号
图 71 墙面和窗帘色号接近
图 72 白墙搭配咖色窗帘
图 73 白墙搭配灰色窗帘
图 74 米色墙搭配暖色窗帘和冷色窗帘
图 75 灰色墙体搭配白色和灰色窗帘

再来看同一个墙面两种窗帘颜色对比（图76），一个是比墙面浅三个色号，一个是深三个色号，两种配色都没有问题，取决于想要什么样的设计效果，浅色清淡，深色稳重。

深色墙面深色窗帘尽量少用（图77），如果空间不够高，又没有足够大的窗户采光，尽量不用。对于花纹壁纸，如果壁纸上有灰色、蓝色和黄色（图78），选择灰色、黄色或蓝色中任何一个颜色都可以，都非常协调。

顺色又顺花纹的情况一定要避免（图79），无论花纹多么漂亮，也不要使用。

颜色明度很高的窗帘（图80），初学者不建议用，很难把控。

76

77

78

图 76 同一墙面两种窗帘颜色对比
图 77 深色墙面搭配深色窗帘
图 78 花纹壁纸与窗帘的搭配
图 79 壁纸与窗帘同色同花纹
图 80 颜色明度高的窗帘

图 81 窗帘花纹里要有墙体颜色
图 82 窗帘颜色与抱枕颜色呼应
图 83 窗帘颜色与家具颜色呼应
图 84 窗帘颜色与床品呼应

## 2. 窗帘的花纹

纯色墙面可以选择花纹面料的窗帘，窗帘的花纹里一定要有墙体颜色（图 81）。还有一个升级版的原则：窗帘颜色可以与墙面颜色没有关系，但是要与房间里的其他物品有呼应。如窗帘颜色和墙面颜色没有关系，但是与抱枕颜色有呼应（图 82），或者窗帘颜色和家具颜色有呼应（图 83），又或是与床品有呼应（图 84）。无论哪种组合，一定要与空间某个元素有所关联。

81

82

83

84

呼应不仅是整体的花纹和颜色，也可以是局部。如窗帘花纹与家具花纹不同，但花纹里可以有同一颜色是呼应的（图 85），或同一面料是呼应的（图 86、图 87）。

窗帘可以与抱枕、家具呼应，也可以和地毯呼应。一般是颜色上的呼应（图 88），尽量不用同一花纹。因为窗帘面积非常大，可能整面墙都是窗帘，地毯的面积也非常大，如果这两个大体量区域用的是同一个花纹，那整个空间就充满一种花纹，非常夸张，所以要尽量避免这种情况出现。如果非要窗帘花纹和地毯一样，地毯面积要选小一点（图 89）。

85

86

87

图 85 窗帘花纹颜色与家具花纹颜色呼应
图 86 窗帘与椅子的面料一致
图 87 窗帘与抱枕面料一致
图 88 窗帘与地毯颜色呼应
图 89 小面积地毯与窗帘颜色呼应

88

89

90

91

92

还有一种呼应是比较个性的设计——选择不同面料来做同一窗帘。这种情况也要讲究呼应，此时呼应一般是交叉的（图 90）。

还有一种面料花纹是时尚条纹，如黑白灰条纹（图 91），属于百搭。其他颜色的条纹必须与空间颜色有呼应（图 92）。

还有一种拼接窗帘的形式。对于拼接窗帘，下面用深色，上面用浅色，避免头重脚轻之感（图 93）。拼接窗帘还有一种纵向形式（图 94）。实际工作中，窗帘经常会用到的花边，花边的造价低，且对窗帘品质感有很大提升。普通面料加精致花边，窗帘的效果立刻变化很大（图 95）。

图 90 不同面料做同一窗帘
图 91 黑白条纹窗帘
图 92 窗帘条纹与空间颜色呼应
图 93 横向拼接窗帘
图 94 纵向拼接窗帘
图 95 花边窗帘

93

94

95

### 3. 窗帘的特殊作用

窗帘除了遮光，还能起到调节空间氛围的作用。如应该温暖愉悦的空间，但是如果墙面、地面都是冷色系，该如何变暖？这时就可以用大面积暖色窗帘来做调整（图 96）。再比如，一个绿色的窗帘也可以让一个平凡的空间充满活力（图 97），这就是窗帘的作用。

### 4. 非常规窗户窗帘的处理

别墅项目经常会遇到高窗窗帘地下室空间（图 98），巧妙地处理可以把缺点变成亮点（图 99）。床头上边的窗户换个思路处理，也会出现惊喜（图 100）。异型窗户同样可以通过窗帘的巧妙设计掩盖缺点（图 101）。

96

图 96 暖色系窗帘在空间中的作用
图 97 绿色窗帘
图 98 别墅地下室空间
图 99 改造后的别墅地下室空间

97

98

99

## 5. 窗帘的高度对整个空间的影响

同一空间中，窗帘高度不同则效果完全不同（图102）。如这张图中，右侧整体高度的窗帘，在视觉上拉高了空间，效果更好。

不同的高度，宽度不同时，效果也会不同。左边窗帘整体高度适合、宽度也覆盖了整个窗户，使空间更大气（图 103）。

100

101

图 100 床头上窗户的处理
图 101 异型窗户的处理
图 102 同一空间中不同窗帘高度
图 103 不同高度、宽度的窗帘

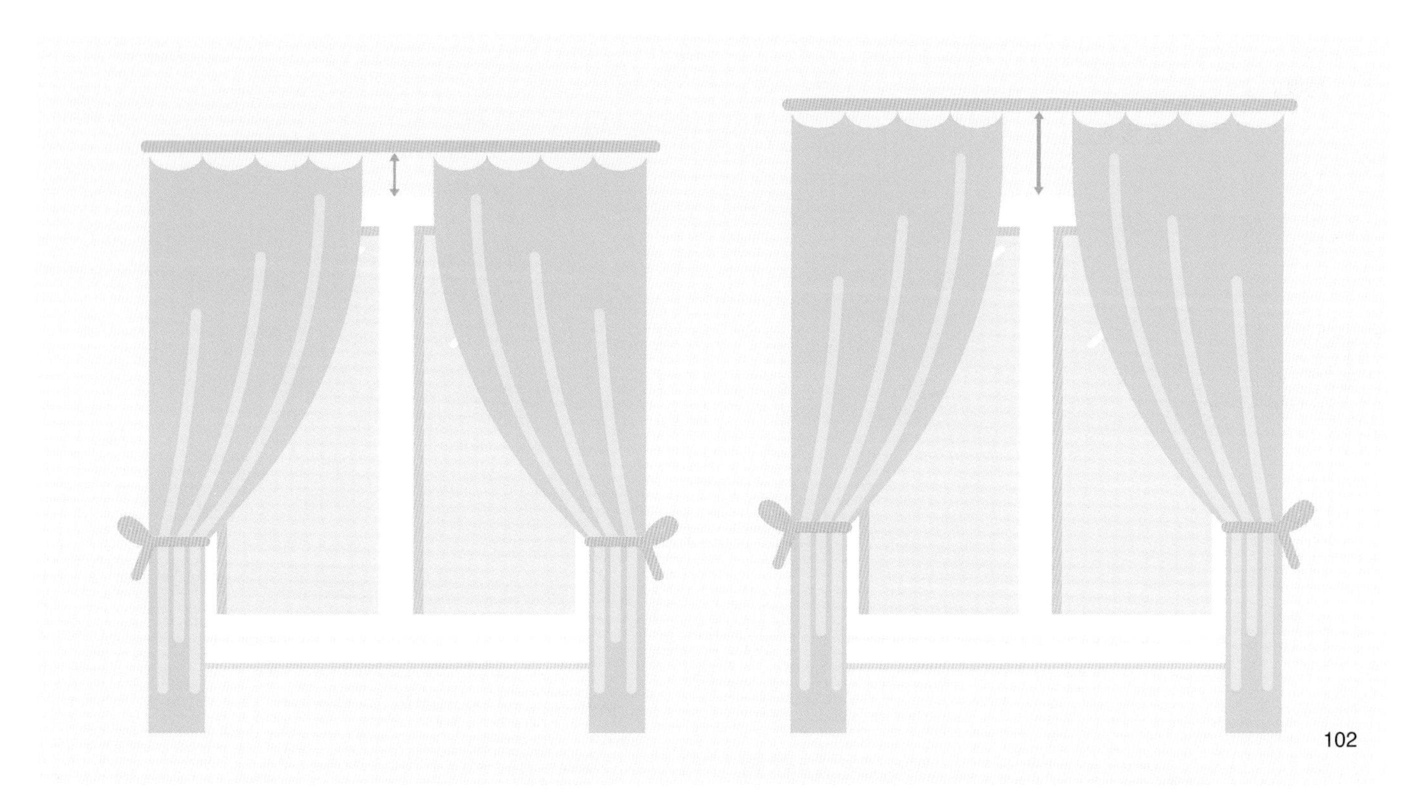
102

103

图 104 纯毛地毯
图 105 化纤地毯
图 106 真丝地毯
图 107 塑料地毯

## 五、地毯

### 1. 地毯的分类

地毯按其材质可分为纯毛地毯、化纤地毯，真丝地毯、塑料地毯。

纯毛地毯又称羊毛地毯（图 104），它毛质细密，具有天然的弹性，受压后能很快恢复原状。采用天然纤维，不带静电，不易吸尘土，还具有天然的阻燃性。纯毛地毯图案精美，色泽典雅，不易老化、褪色，具有吸音、保暖、脚感舒适等特点。

化纤地毯也称合成纤维地毯（图 105），又可分为尼龙、丙纶、涤纶和腈纶四种。最常见和常用的是尼龙地毯，它的最大特点是耐磨性强，同时克服了纯毛地毯易腐蚀、易霉变的缺点。它的图案、花色近似纯毛，但阻燃性、抗静电性相对差一些。

真丝地毯用天然丝线为原料（图 106），以传统复杂的打结方法编织而成，在编织前需要大量的准备工作，价格昂贵。

塑料地毯又称橡胶地毯（图 107），具有防水、防滑、易清理的特点，通常置于商场、宾馆、住房大门口及卫浴间。

按表面纤维形状地毯可分为圈绒地毯、割绒地毯以及圈割绒地毯三种。

104

105

106

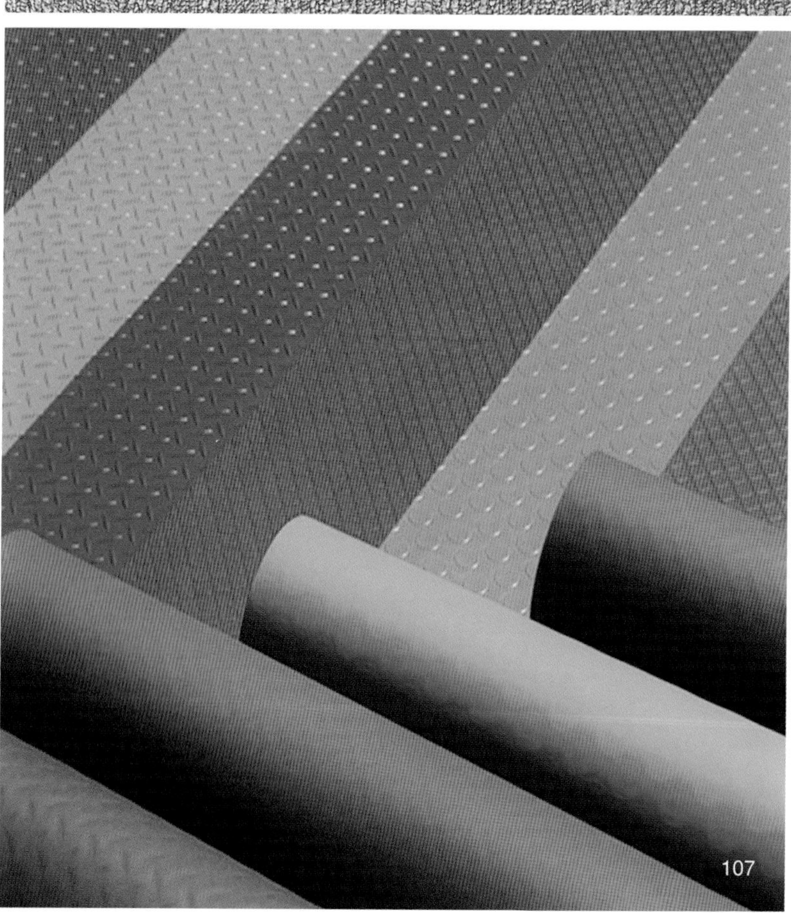

107

圈绒地毯的纱线被簇植于主底布上（图108），形成一种不规则的表面效果，由于簇杆紧密，圈绒地毯适用于踩踏频繁的地方，它不仅耐磨而且维护方便。

把圈绒地毯的圈割开，就形成了割绒地毯（图109）。割绒地毯的外表非常平整，外表绒感相对也有很大改善。同时也将外观与使用性能很好地融于一体，但在耐磨性方面则不如圈绒地毯。

圈割绒地毯正如其名，是割绒地毯与圈绒地毯的结合体。

其他材料的地毯还有马毛拼接地毯（图110）、整块马毛地毯（图111）。

### 2. 地毯的三大功能

#### 2.1 遮丑

无法改变丑陋的地板或瓷砖时，可以用地毯来遮挡。

#### 2.2 协调统一

例如客厅有三人沙发、单人沙发、茶几等，地毯可以把这些家具统一起来形成一个整体（图112）。

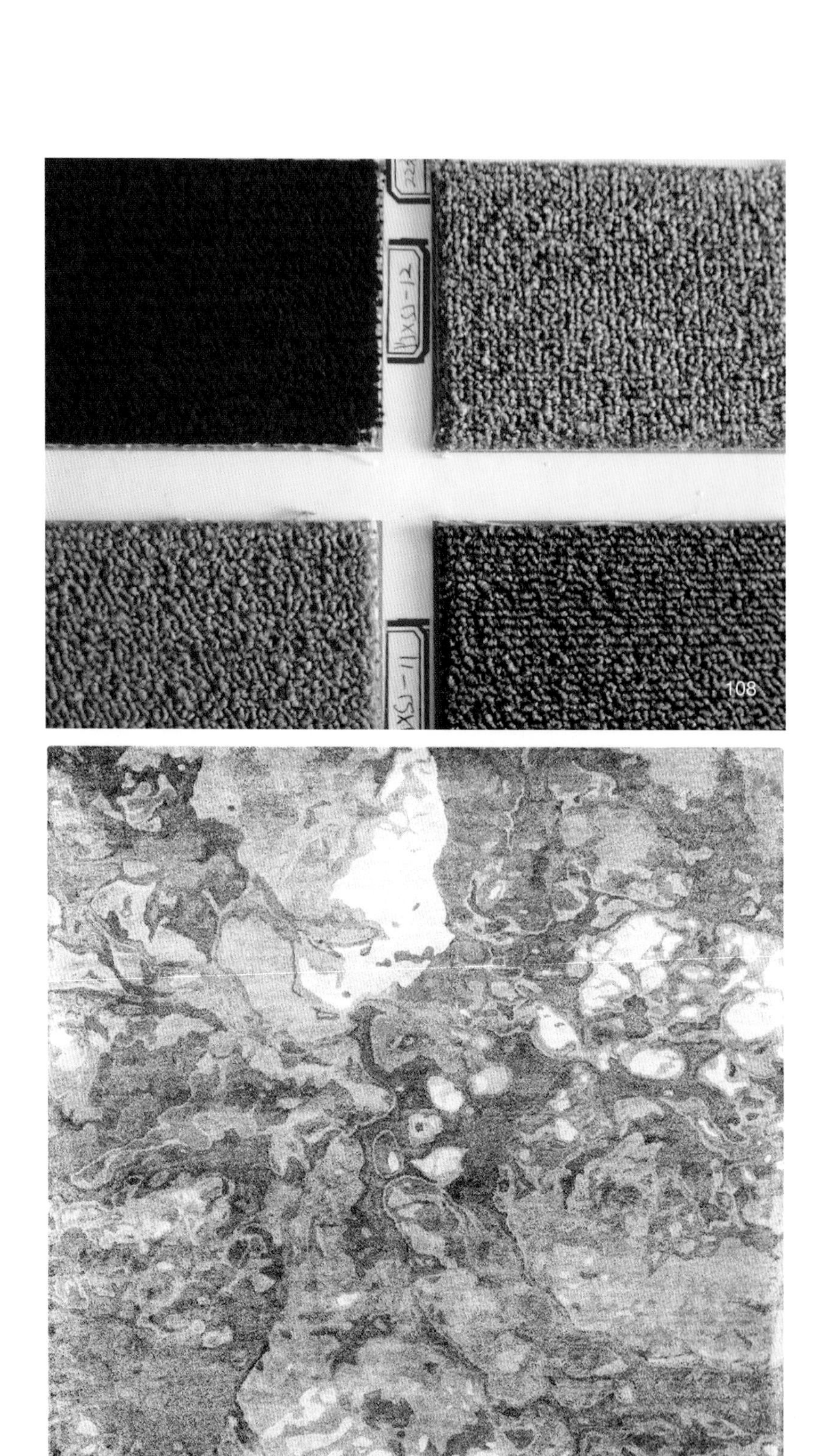
108
109

图 108 圈绒地毯
图 109 割绒地毯
图 110 马毛拼接地毯
图 111 整块马毛地毯
图 112 地毯统一家具形成整体

110

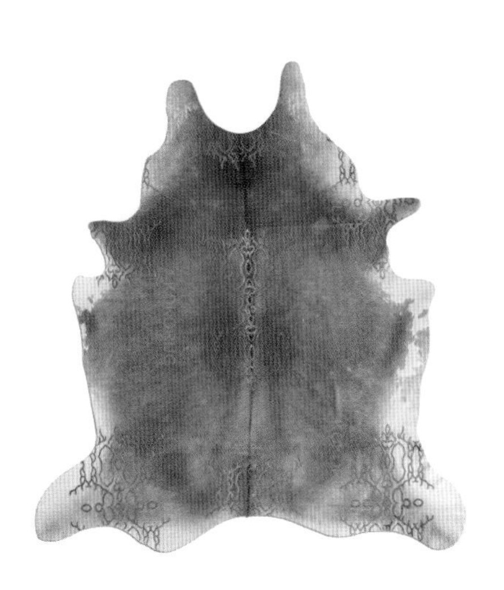

111

112

图 113 地毯平衡空间色彩（1）
图 114 地毯平衡空间色彩（2）
图 115 四种客厅地毯尺寸
图 116 四种卧室地毯尺寸

### 2.3 平衡空间色彩

地毯可以提升空间气质，平衡空间色彩。例如一个空间有紫色、蓝色、绿色三种颜色，用一块含这三种颜色的地毯，就可以把整个空间的颜色平衡起来（图 113、图 114）。所以，当一个空间比较凌乱，多种颜色混杂在一起不知道怎么解决时，可以加一块用来平衡的地毯。

## 3. 如何选择地毯

在实际项目中，究竟怎么能正确地选择一款地毯呢？首先看一下地毯尺寸。四个地毯尺寸，哪个效果好（图 115）？

地毯最重要的作用是协调统一整个空间，把其上的家具统一为整体。从这个角度讲，第三个被排除，因为它仅仅是覆盖茶几区。第四个圆形的地毯与矩形家具布置不协调。第一和第二个效果都不错，地毯的尺寸都含盖了所有家具。在实际项目中，第二个更好，因为同样的效果，要考虑成本，地毯面积小价格更低，成本控制是作为设计师应该具备的能力。

这四个哪个效果更好（图 116）？答案一目了然。

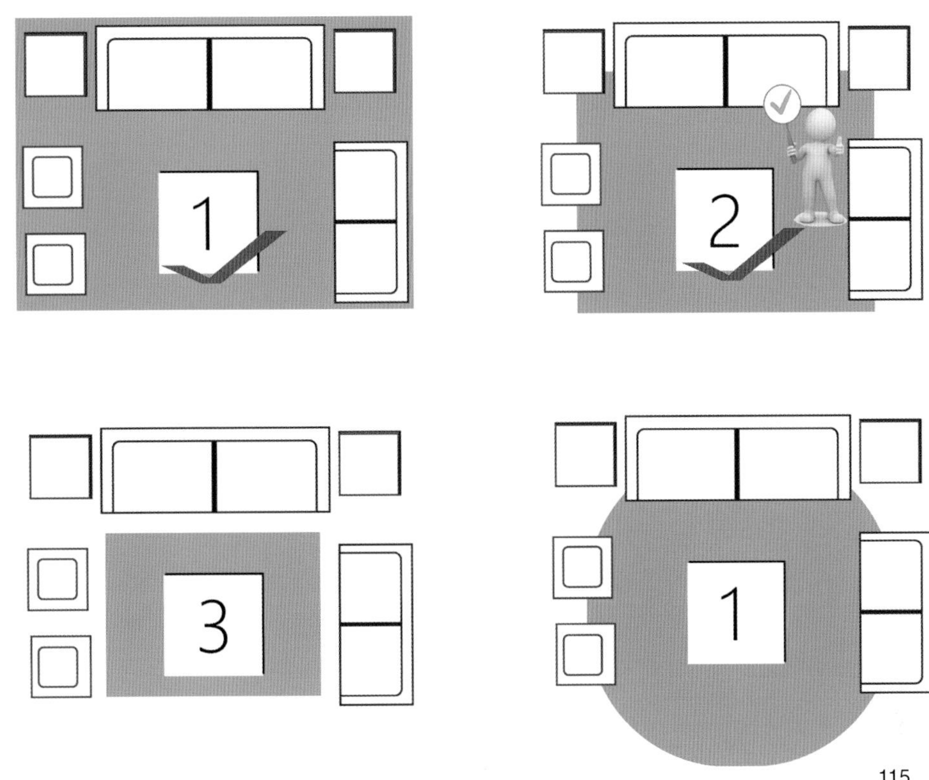


115

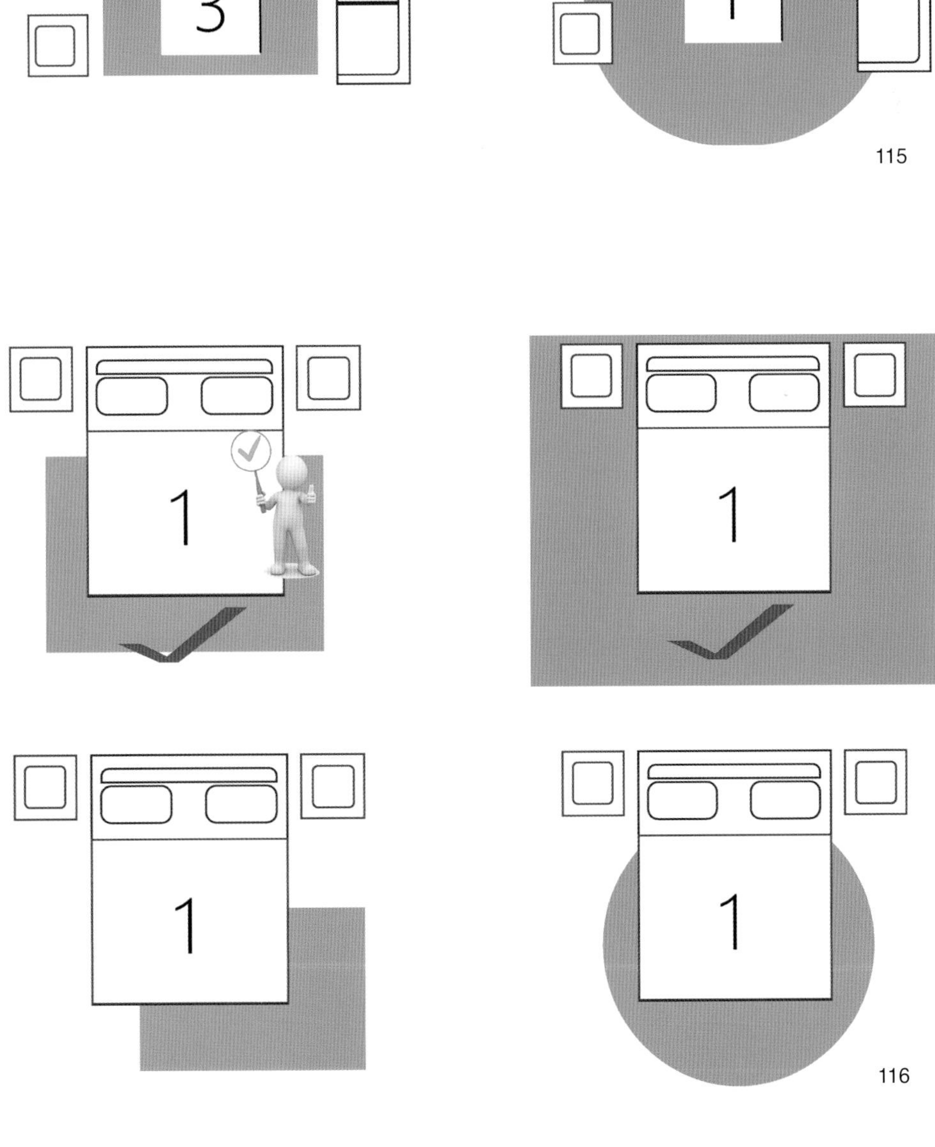


116

## 4. 定制地毯

定制地毯过程中，设计师需要做的有以下几项工作：根据地毯参考图选色球（图 117 ~ 图 120）；厂家根据参考图花纹及所选色球出效果图，设计师确认效果（图 121）；厂家根据效果图出地毯小样，设计师确认效果后，厂家加工生产。

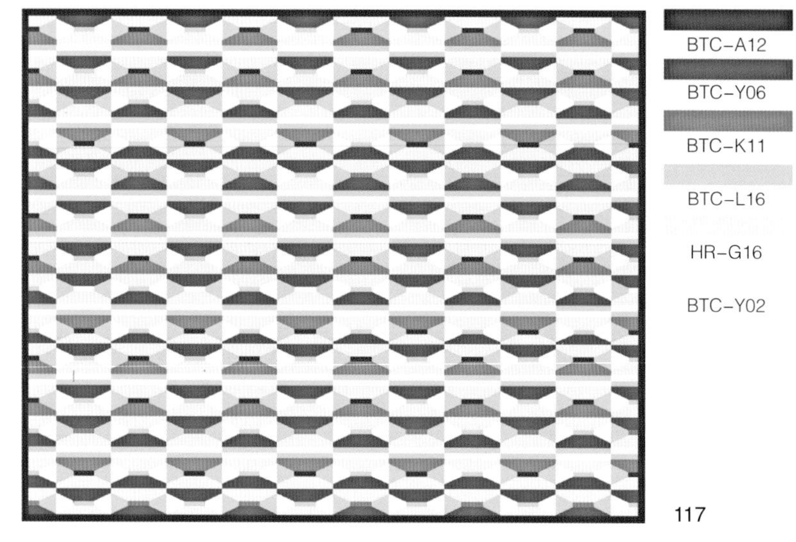


117

118

图 117 地毯参考图
图 118 色球（1）
图 119 色球（2）
图 120 色球（3）
图 121 地毯效果图

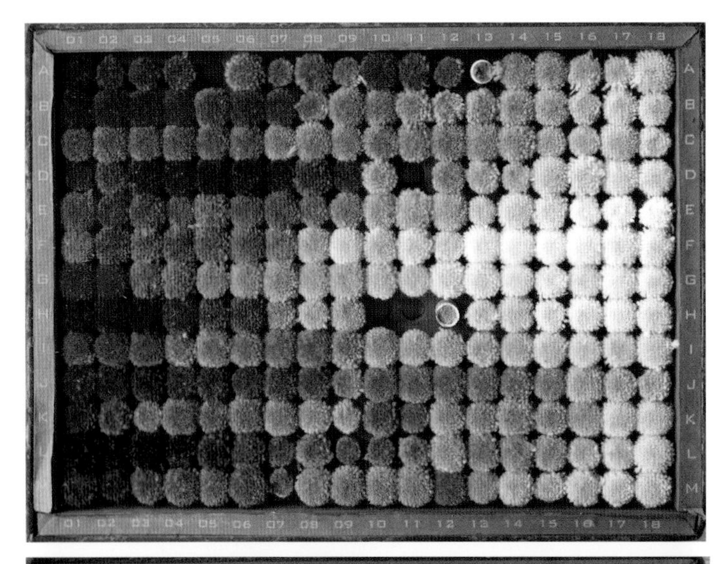

119

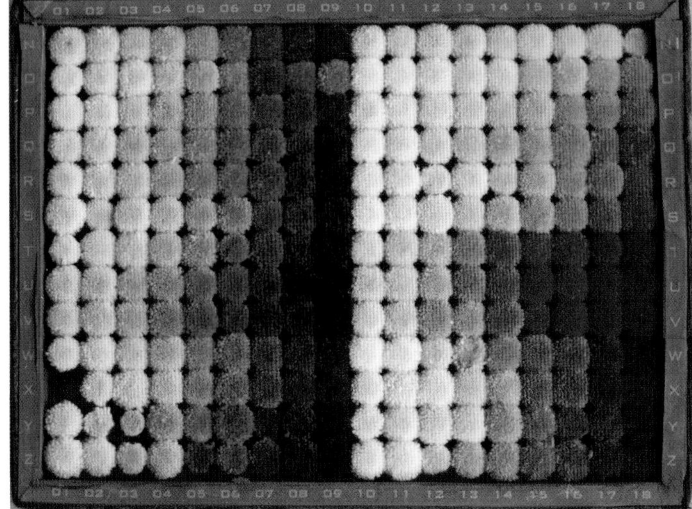

120

5.5 磅仿羊毛剪花

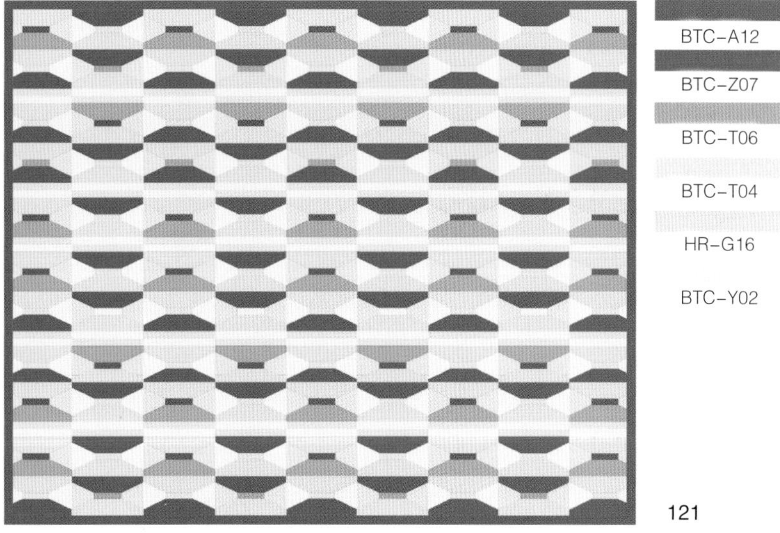


121

客厅 W3500 × D2800

## 六、花艺

空间里花艺求精不求多，重点是在需要提升气质的位置使用花艺。通常客厅的茶几、电视柜、餐厅的餐桌、卧室的电视柜、化妆台、卫生间等空间都会使用花艺。花艺可以调节整体色彩和氛围，提升空间的品质。

### 1. 花艺的四种风格

常规花艺分四种风格：现代风格、欧式风格、中式风格和日式风格。

#### 1.1 现代风格花艺

从花材上来说，现代风格经常会用到郁金香、蝴蝶兰、马蹄莲等，花器经常会用到玻璃、简洁陶器，整体非常优雅、简洁，线条也很流畅（图 122）。

#### 1.2 欧式风格花艺

欧式风格花艺的花材主要为玫瑰、绣球、牡丹等。花器为树脂类、陶瓷等，欧式风格花艺强调造型的丰满和色彩的丰富（图 123）。

122

123

图 122 现代风格花艺
图 123 欧式风格花艺
图 124 中式风格花艺
图 125 日式风格花艺

### 1.3 中式风格花艺

中式风格花艺的花材使用比较广泛，基本上自然界出现的都可以用。中式风格花艺基本上是枝叶花一起使用，单纯只是花的形式很少用到。中式花艺强调立体感，无论从哪个面看都是立体的，比较丰满（图 124）。

### 1.4 日式风格花艺

日式风格花艺从中式花艺发展而来，但更讲究构图，笔锋更简洁，花材多用比较有禅意的花，比如兰花、山茶（图 125）。

124
125

## 2. 花艺选型与空间风格

实际项目中除了讲究造型和色彩，花艺选型也跟空间的风格主题有关。比如海滩风格，为了表达自然放松的感觉，可以直接拿蒲棒做花艺（图 126)。中式风格直接在园林折一支松枝和枫叶做书房花艺（图 127）。

现在有很多花艺是百搭的，可以适用各种风格（图 128）。

另外，各种充满生命力的绿植可以很大程度地提升空间效果，也会经常用到各种空间中。常用的有龟背叶、芭蕉、凤尾竹、琴叶榕等（图 129）。

## 3. 花艺的实施

实际项目操作中，花艺的实施分四种情况：一是直接选花艺师设计并完成的仿真花套装。优点是设计师可以很直观地看到花艺造型效果。缺点是选择少，不可添减花枝。二是选好参考图片，委托花艺师设计造型并完成。优点是可根据主题选花艺，可以完全表达设计师意图。缺点是价格较贵，完成时才能看到花艺最终效

126

图 126 蒲棒花艺
图 127 松枝枫叶花艺
图 128 百搭花艺
图 129 绿植在空间中的应用

127

128

129

130

果。三是自己选花器、仿真花材，自己设计造型并完成。优点是可以现场调整花器及花艺，直到效果满意。缺点是需要大量时间去完成。四是选好花器，采用真花。优点是花艺可以不断生长，时间越久，与空间越协调。缺点是需要养护、修剪。

4. 真假花的配合使用

样板间常用仿真花，有的高品质项目真花和假花会配合使用。例如迎客松枝条是真的（只有这样才是最自然的形态），但叶子是仿真的。再比如多肉植物，非常好养，容易成活，会用真的。不好养的，一般用假的。像松针这样的植物维持的时间比较长，就用真的，中间的花用仿真花（图 130）。

## 七、装饰画

装饰画的选择要点一是构图、二是色彩、三是题材。

1. 装饰画的构图

选择装饰画首先要看画的具体构图特点。例如

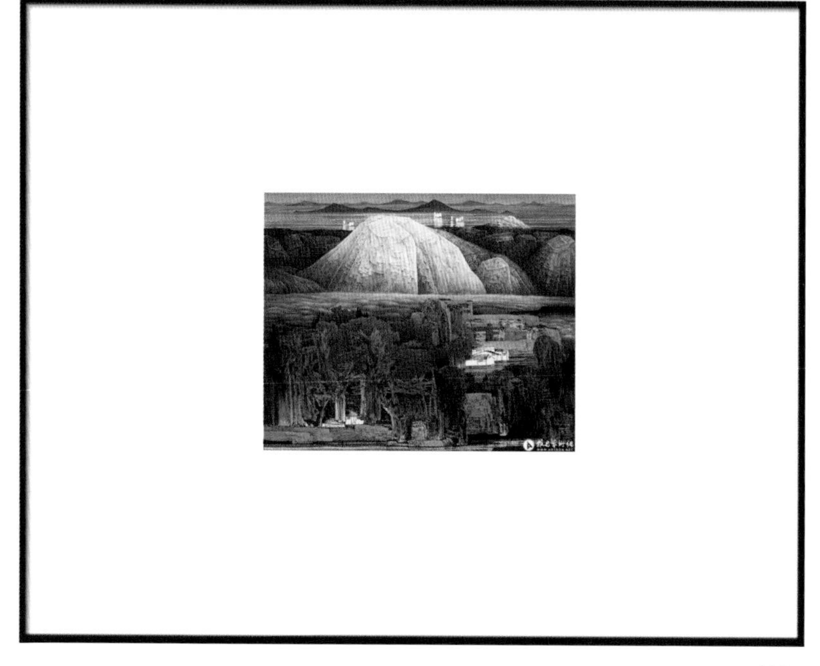
131

132

图 130 真花与假花配合使用
图 131 薛亮的画
图 132 同一幅画中裁出两幅小画
图 133 局部画作用在书房空间
图 134 茶室空间中装饰组画的应用

薛亮的画（图 131），笔触特别细腻，内容非常丰富。但是却不宜整幅使用，因为画的密度太大了，如果做小画，细节表现不出来，这幅画也没有意义了。如果要用整幅，基本上要用一面墙。所以做小画时，可以裁它的局部来用。如裁两小部分，做两幅小画（图 132）。例如这幅薛亮的画，裁局部用在书房空间（图 133）。

另外还可以作为组画来使用，从一张画裁局部做组画时，题材和颜色比较统一。例如营造茶室空间，整个没有违和感（图 134）。

133

134

135

136

如果遇到画面密集的画（图 135），可以用于非常干净的空间，起到点睛的作用（图 136）。如果画上下留白很多，内容不明确，没有重点（图 137），放在干净的白色空间里，就会非常空洞，不能形成视觉焦点。

再来看一些例子。有些画虽然留白多，但是色彩从上边延伸到下边，充满了画面（图 138），运用到项目中效果也很好（图 139、图 140）。

另外还可以定制手绘壁画（图 141），选好题材由画师完成，类似贴壁纸工艺施工。画布不要太厚，太厚伸缩性大，施工完成后可能会有 2 ~ 3mm 的裂缝。壁画加工尺寸宽和高至少要加大 10cm，施工现场裁割。

137

138

图 135 画面密集的画
图 136 画面密集的画用在干净的空间中
图 137 留白多的画
图 138 色彩丰富的装饰画
图 139 色彩丰富的装饰画用在空间中（1）
图 140 色彩丰富的装饰画用在空间中（2）
图 141 手绘壁画在卧室中的应用

图 142 椅子颜色与装饰画呼应
图 143 色彩呼应对比
图 144 颜色呼应在空间中的应用
图 145 拼接装饰画（1）
图 146 拼接装饰画（2）

## 2. 装饰画的色彩

装饰画的颜色应与空间色彩呼应。例如，椅子与装饰画的颜色呼应（图 142）。虽然可能不是同一个明度、亮度，但应该属于同一色系。再看一组具体的对比（图 143）。右边图片所有的橘色都在下面，左边图片装饰画加入了橘色，与床品形成呼应，将空间色彩向墙面延伸，看起来更舒服一些。在做色彩的时候，不是所有颜色都集中在家具上，从地面到家具，再到墙上，一直到天花、灯具，都要有颜色的呼应，这样整个空间才会非常协调。例如，从床品、画到电视柜颜色都有呼应（图 144）。

142

## 3. 装饰画的题材

在做方案的时候，经常很久也找不到心仪的装饰画，这时也可以自己创造装饰画，拼接组合是常用的方法。

例如，一张马的图片，拼接了美女的眼睛（图 145）。男人的侧脸，拼接了雕塑侧面，立刻就有了艺术感（图 146）。

143

144

145

146

147

如果是组合画，题材要统一。例如，以动物为主题（图147），或者以人物为主题（图148）。

空间里都用同类型画，参观者会觉得没有新鲜感，所以可以用不同形式来做画，比如实物画。女孩房，可以把她学舞蹈的照片、舞蹈鞋结合起来做一幅实物画（图149）；做音乐小提琴主题的时候，可以直接用一把小提琴（图150）；摄影主题，可以把一组相机作为一幅实物的画（图151）。

另外，还可以在一些小空间使用自制作品（图152、图153）。

148

图 147  以动物为主题的装饰画
图 148  以人物为主题的装饰画
图 149  舞蹈鞋装饰画
图 150 小提琴装饰画
图 151  相机装饰画
图 152 自制装饰画（1）
图 153  自制装饰画（2）

149

150

151

152

153

## 八、饰品

饰品是软装设计中最难的部分，主要有三个方面需要注意。第一是场景。就是根据实际的场景来选择饰品。第二是构图。饰品、画、家具是一个完整的构图。在做饰品的时候，不能单独把饰品摘出来，而是要放在整个空间里，看一下和画、家具怎么搭配，搭配后是一个什么样的构图。第三是艺术感。饰品要赋予空间艺术感，提升空间品质。

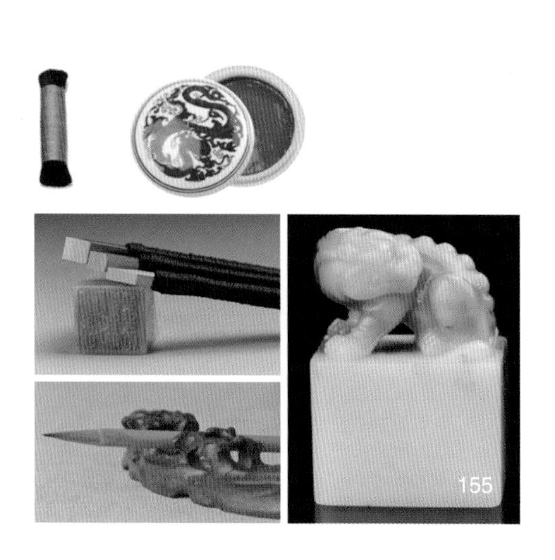

155

154

图 154 书房
图 155 书房中部分饰品
图 156 临摹作品
图 157 模仿后的效果图

1. 饰品的选型

根据空间主题进行饰品选型。主饰品（主题性饰品）与辅助饰品一起构建完整构图。如有刻章爱好的男主人书房，通过饰品再现主人刻章的场景（图 154、图 155）。

2. 饰品的摆放

2.1 装饰柜饰品摆放

作为新人，经常纠结软装饰品到底怎么配。这里总结一个简单的方法——临摹。

选一个完美的图片做参考（图 156），首先对装饰柜上的饰品分类，这里有挂画、灯具、花艺、摆件，然后框出各饰品外框，接着把最重要的画选出来，尺寸与原图是一样的，再参考原图比例摆放台灯和画，以及花艺和饰品，最后形成新的效果（图 157）。初学时，可以按照这个方法练习，积累经验总结规律，然后再创造。

156

157

图 158 饰品摆放对角线原则
图 159 饰品摆放三角形原则（1）
图 160 饰品摆放三角形原则（2）
图 161 高品质、高价位的饰品摆放在客户最易看到的高度
图 162 先摆放饰品，后摆放道具书籍

158

## 2.2 书架、层板饰品摆放

书架、层板饰品摆放可以遵循三个原则：对角线原则（图 158）、三角形原则（图 159、图 160）以及视线高度原则。视线高度原则即高品质、高价位的饰品摆放在客户最易看到的高度（图 161）。另外，先摆放饰品，后摆放道具书籍（图 162）。

159

160

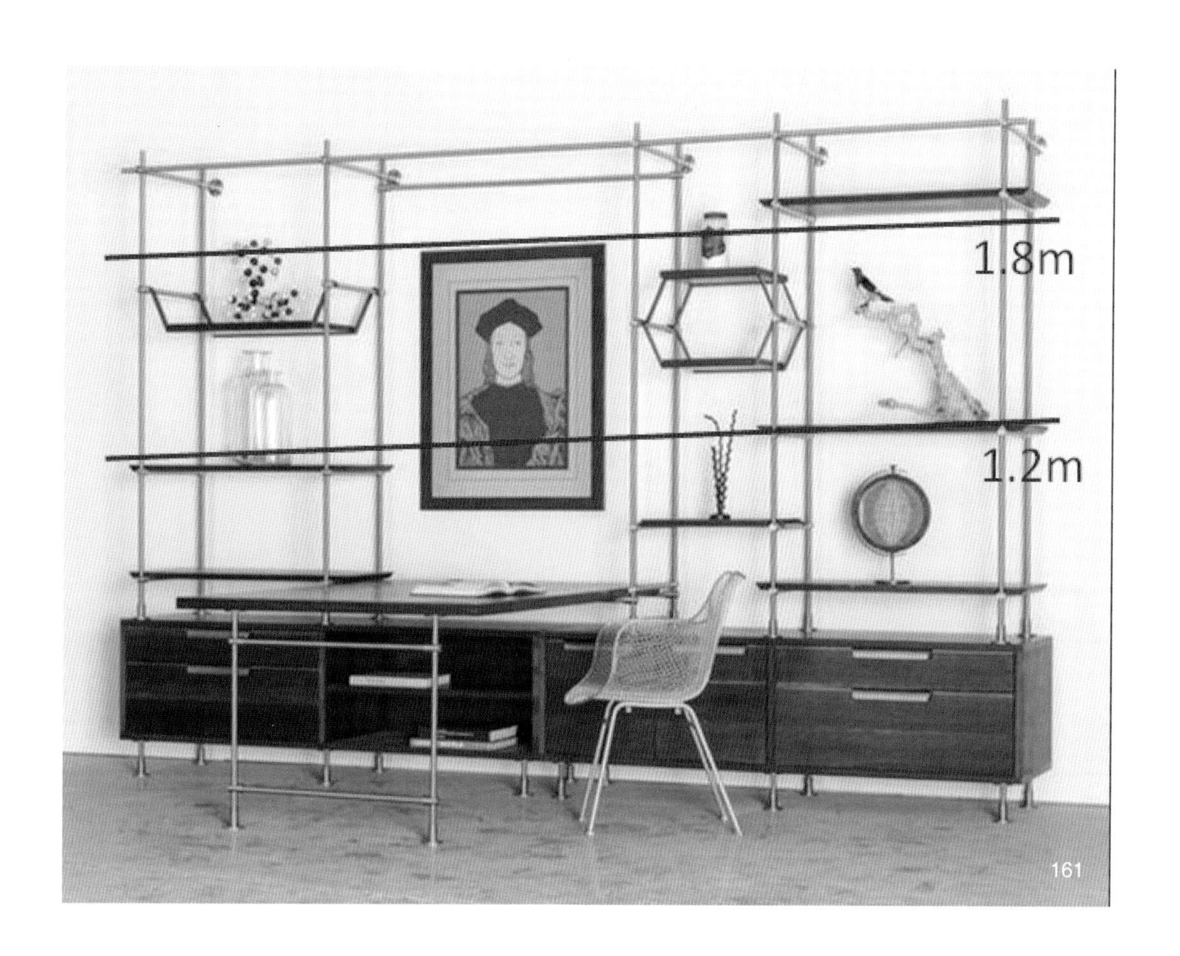


161

162

### 2.3 茶几饰品摆放

迎着视线方向，饰品高度为前低后高，让每个饰品都有亮相的机会（图 163）。反例（图 164），花艺遮挡了后边的饰品，最高的花艺迎面而来，感觉不舒服。

### 2.4 餐桌饰品摆放

餐桌饰品以此图为例（图 165）。首先分析餐盘尺寸，样板房餐盘是两到三个，各是多大尺寸？在餐桌图纸上放出餐盘尺寸。选择餐巾、餐垫的形式，在图纸上放出尺寸。酒杯、烛台、花艺都需要在餐桌图纸上放线，这样才能不出问题。不仅仅是平面图，餐盘、酒杯、花艺高度在立面图上都要画出来，看一下整体的比例是否协调。

163

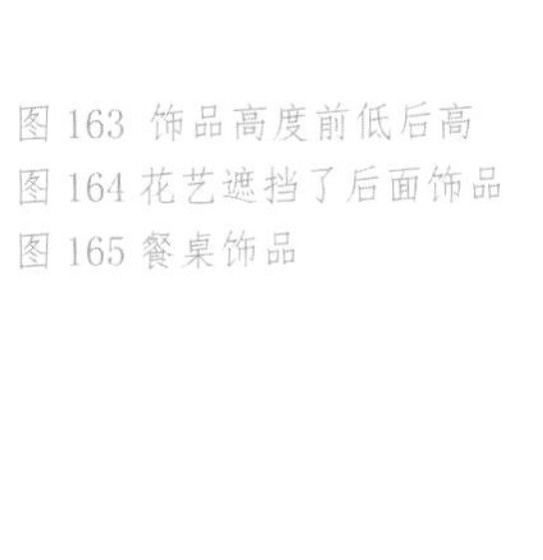

图 163 饰品高度前低后高
图 164 花艺遮挡了后面饰品
图 165 餐桌饰品

# 2

# COLOU

RS

# 第二章 软装色彩

## 第一节
# 色彩感知

## 一、色彩与社会文化

在正式分析之前，先来思考一个问题：日常我们给小朋友选择服装的时候，为什么一般给小男孩选择浅蓝色的服装、给小女孩选粉红色的服装？这种无意识的选择来自于哪里？

其实这种选择方式，大约是在 1920 年前后才正式流行开来的。在这之前，人们选择服装的习惯是女性穿蓝色，男性穿红色。在 20 世纪，童装大多是白色。那个时期，人们没有用色彩去代表性别的观念，小朋友在 6 岁之前都是穿白色的服装。

很多男士对粉色一直有很大的误解，认为这种颜色专属于女性，男性穿就过于女性化，但大家不知道的是，粉红色曾象征着男性的力量与权势。因为在 18 世纪时，欧洲信奉天主教地区的人们把粉红色看作是变弱了的红色，或者说是稀释后血液的颜色，有着血气方刚的寓意，因此很多国家的军服都使用粉色。某著名的商业杂志里曾经讲到，粉红色更适合男孩儿，因为粉红色是一种果敢而坚毅的颜色，而蓝色则非常沉稳、静怡，更适合女孩。同时，粉红色是从红色里延伸出来的一种色彩，所以从感官上，人们会觉得粉红色更适合男孩。蓝色则容易让人联想到天空和大海，所以更适合女孩。

到了 20 世纪 60 年代，女权运动开始兴起，女性逐渐摒弃之前文化定义的女性形象，开始剪短发、穿裤子，无形中加强了粉色与女性的联系。

综上所述，其实粉色代表女孩、蓝色代表男孩是社会文化塑造的最终结果。

## 二、色彩的共性和差异

各种色彩看上去都是在一个小的色轮上，是平等的，但因为历史、文化背景和宗教的原因，每个人对每一种颜色的看法是不一样的，所以颜色有它的共性，也有其不同。例如，在我国的西北及西北沙漠地区，绿色是至高无上的，它代表地域最高的神；在欧洲中世纪，深绿色更容易取得、更方便加工，所以它不是奢侈的色彩，那时人们认为纯正的颜色是社会地位高的人的特权，紫红色是最高贵的色彩，国王加冕时穿紫红色披风；再比如，在中国文化的五行中，黄色代表“土”，自古人们对黄色就有特殊的感情，把它同吉祥和至高无上相联系，所以只有皇家建筑才可以使用黄色琉璃瓦屋顶。另外，也有一些对立矛盾的色彩，比如红色，它既是爱情的象征，又是暴力危险的警示，同时还是交通信号灯里面的禁止符号。

由于每个人对色彩的感知是不同的，充满不确定性，无法用色相、明度、纯度等色彩学的属性来简单描述，所以从这个角度来说，色彩是另一个维度的存在，真实地影响我们每一个人的色彩感知。而作为设计师，每天与色彩打交道的人，完全有必要先从另一个角度来全面了解色彩的魅力。

## 第二节

## 色彩原理

色彩的三要素包括色相、明度、纯度（图 1）。所谓色相，顾名思义，就是色彩的相貌，它是红黄蓝，还是紫橙绿。明度，就是色彩的明暗关系。纯度，指的是色彩的浓淡、饱和度。

学习色彩，一般先从色环来学习。色环由原色、间色（次色）和三次色组合而成（图 2）。色相环中的三原色是红、黄、蓝，在环中形成一个等边三角形，生活中大部分颜色都由这三种颜色组合产生而来。通过两两组合，可以得出间色（次色），绿、橙、紫。同样的类比方式得出其他色彩。在整个的色环中，呈 180 度对角的两个色彩称之为互补色，如红绿、黄紫、蓝橙。在色环上距离相近的颜色称之为类似色或相邻色，如中黄、土黄、柠檬黄。根据色彩的视觉感受，把色彩分为冷色和暖色，绿色和紫色一般作为中间色。

以上是对色彩基本理论的了解。

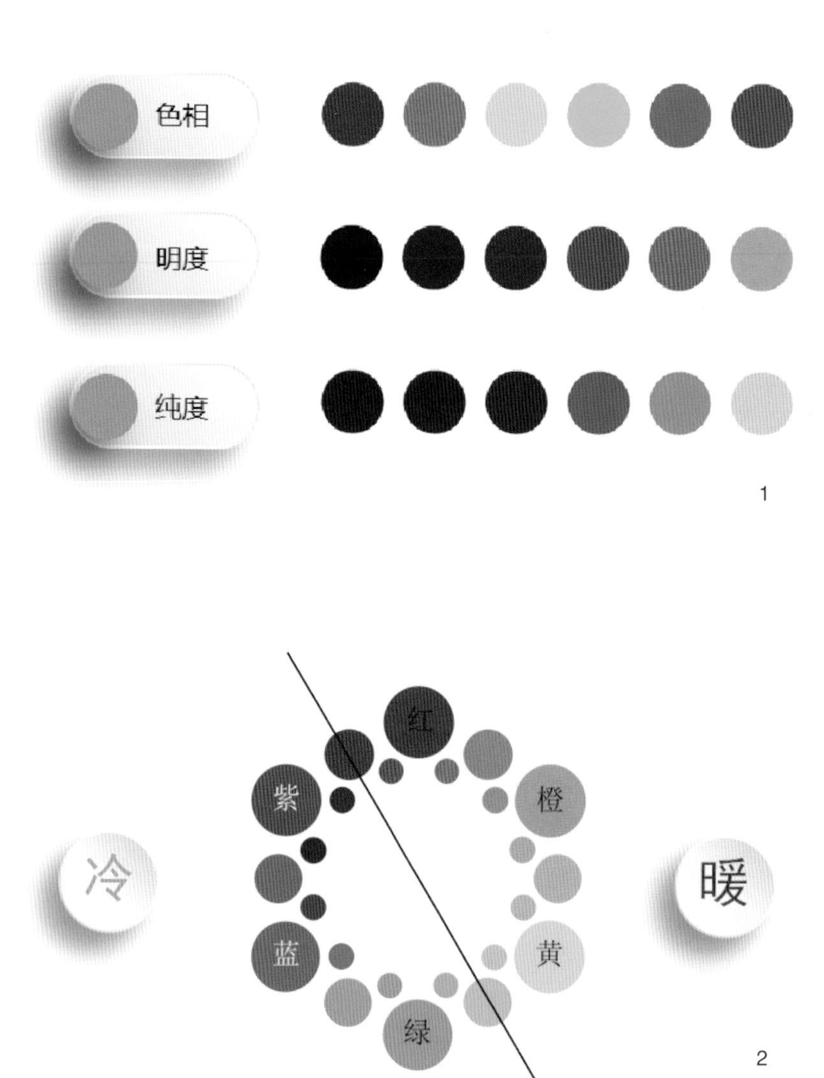

图 1 色彩三要素
图 2 色环
图 3 橙色沙发与相邻色黄色搭配
图 4 橙色沙发与互补色蓝色搭配
图 5 橙色沙发与纯粹的白色搭配
图 6 橙色沙发与邻近色互补色一起搭配

## 第三节

# 色彩在软装设计中的应用

经常有人说，软装的工作就是每天搭配各种东西。其实，室内设计是由产品和空间两个部分组成的，所以更准确的表达是，软装工作的内容是处理空间与产品的关系。也就是说，室内软装是把室内的每一个单品，如家具、挂画、地毯等与各个空间非常好地融合在一起。

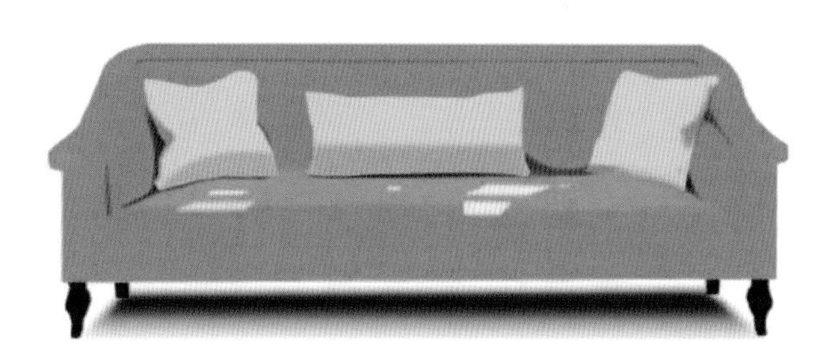

3

### 一、A+B=C 配色

#### 1. 色彩原理的应用

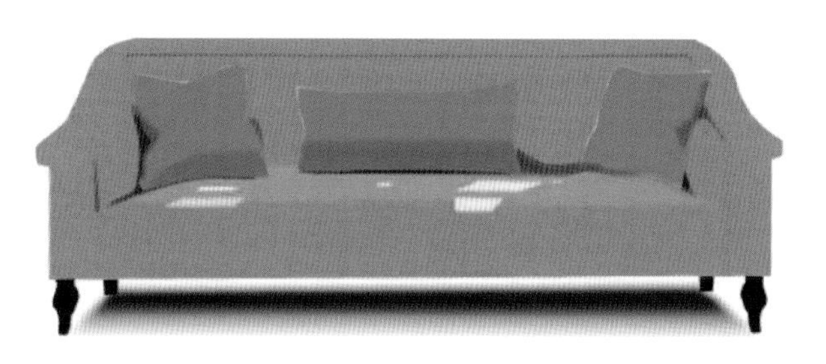

4

以室内软装必不可少的产品——沙发为例，演示一下前面所讲的色彩理论。

一个高纯度橙红色相的沙发，整体给人非常活跃的感觉，当它搭配与它相邻色相的黄色时，整体给人稳定的感觉，但不容易出彩（图 3）；如果运用互补蓝色相，整体感觉开放有张力，但是与沙发直接撞色，显得稍微有一些生硬（图 4）；假设换上白色的抱枕，再来看一下，激烈的碰撞感没有了，白色使整个感觉更加纯粹，但又有点冷淡（图 5）；接下来把临近色和互补色一起运用，当然这时候要注意整体的比例关系和主次关系，缩小蓝色抱枕面积，并搭配白色，这样整体配色就非常有活力（图 6）。

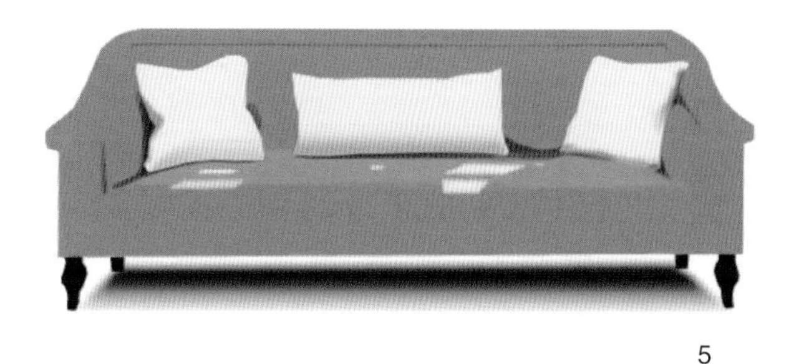

5

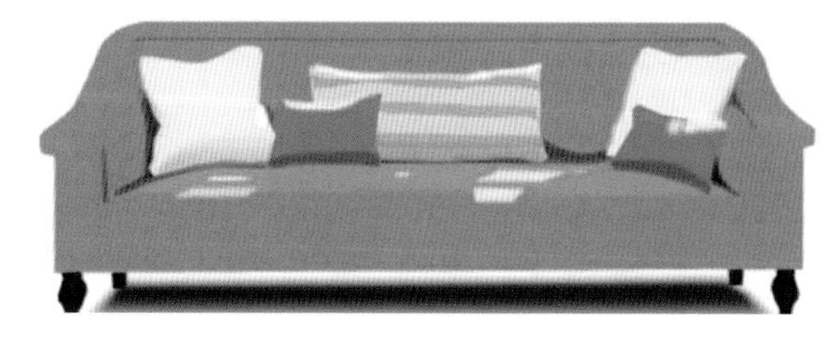

6

图7 黄色沙发与蓝色绿色搭配
图8 A（黄）+B（蓝）=C（绿）（1）
图9 A（黄）+B（蓝）=C（绿）（2）
图10 A（黄）+B（蓝）=C（绿）在空间中的运用

同样，图案对于色彩来讲，也是非常好用的一个元素。加入图案时，也要注意一点，抱枕上的色彩要与沙发上的色彩有呼应点，也就是要与沙发色彩有一个相似的地方。这样，整个画面看起来才会更丰富、更和谐。

### 2. A+B=C 配色

这里讲一个配色里的小技巧，如果遇到一个空间，不知道如何去搭配颜色的时候，可以使用这个小技巧：A+B=C 配色。

什么是 A+B=C 的配色方式呢？有过绘画经历的朋友应该都知道，调和颜色的时候，两种颜色混合在一起会调和出第三种颜色。比如蓝色与黄色一起调和出绿色、红色与蓝色调和会出现紫色。就像这个画面中，蓝色和黄色绿色的搭配，整体感觉很和谐（图7）。因为当把黄色、蓝色以及绿色这三种色彩关系放在一个画面里，首先非常激烈的碰撞感是没有的，因为整个色彩关系做了处理。另外也没有很平淡的感觉，因为里面有了对比色，所以整体看下来比较舒服。

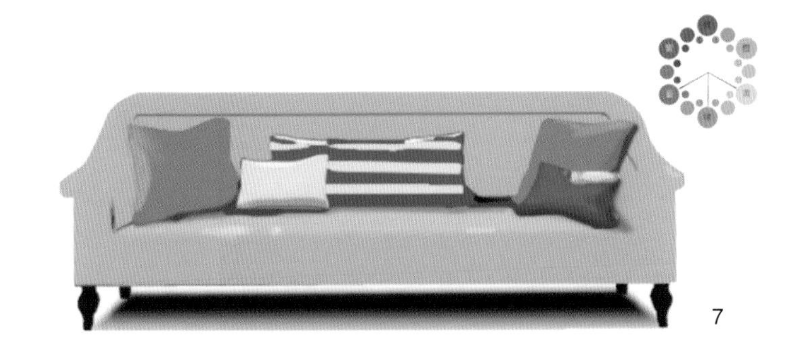
7

3. A+B=C 配色的应用

再来看一下这种色彩比例关系在实际生活里的展示（图 8）。把这种技巧运用在产品里，把黄色用在灯以及花器上面，同时在杯垫及花器上运用蓝色，在挂画及花卉上运用绿色，整个画面看上去非常和谐。这是另外一个例子（图 9）。

接下来看一下这种技巧在空间中的运用。图中展示的是两个空间，右边空间是书房，左边是客厅（图 10）。如果想把书房打造成一个非常静谧的学习状态，而客厅要打造成一个非常活跃、开放的接待状态，这时候在色彩搭配上就要好好思考一下，如何去协调两个空间的关系。为了打造安静的学习状态，在墙面运用了蓝色，让整个空间静下来。为了让客厅开放活跃，使用黄色的沙发。同时，为了使两个空间有更好的协调和呼应关系，在地毯和沙发的抱枕上使用绿色，把两个空间的不同功能用色彩很好地衔接起来。这样看起来，整体画面就非常和谐。

8

10

当然，A+B=C 公式也适用于其他色彩，比如 A（红）+B（蓝）=C（紫）的色彩搭配（图 11）。整个画面以紫色为主，在挂画上点缀了红色，在花艺上点缀了蓝色。在这种配色方式上，一定要注意画面色彩的比例关系。ABC 之间一定有一个作为主色，两个作为辅色。红蓝紫，抛开技巧，单独看这个画面，整体是偏紫色的空间，如果要打造一个女性偏紫色空间的话，紫色一定要是面积最大的色彩，也被称之为主色调。其次为了丰富空间，加入小面积红色和蓝色。同样红色和蓝色也要区分比例关系，就像画面里，可能红色大于蓝色，蓝色可能只用于一些小小的花艺或者书本上方点缀空间。这两个空间，同样也是紫色、红色和蓝色三种色彩关系，也非常和谐（图 12、图 13）。

11

再来看一下如何用红色、黄色搭配出橙色的空间关系。红色的吊灯、黄色的墙面以及黄色的沙发上面点缀橙色的抱枕，整体呈现出一种舒适、和谐的关系（图 14）。女性的空间也可以使用这种配色方法（图 15、图 16）。其实任意一种颜色都可以作为主色，但是要注意，另外两个一定是减少面积的。

12

13

图11 A（红）+B（蓝）=C（紫）（1）
图12 A（红）+B（蓝）=C（紫）（2）
图13 A（红）+B（蓝）=C（紫）（3）
图14 A（红）+B（黄）=C（橙）（1）
图15 A（红）+B（黄）=C（橙）（2）
图16 色彩在立面上（1）

图 17 色彩在立面上（2）
图 18 色彩在立面上（3）
图 19 色彩在立面上（4）

## 二、色彩在空间六个面上的表现

室内软装和方案硬装有一个最大的不同：对硬装来说，拿到平面图纸的时候，考虑的是整个空间里的功能划分、动线以及收纳功能，而室内软装拿到平面图纸的时候，首先会把二维的平面图纸三维立体化，以立体的思维去看整个空间，然后在整个空间里把六个面展开，在每个面上协调色彩的关系。

### 1. 色彩在立面上

看一下色彩在几个面上的感受。首先是立面（图 16 ~图 19）。当色彩在立面上的时候，整个重心居中， 有向中间聚拢的感觉，空间动感强烈。

17

18

19

2. 色彩在顶面上

当色彩在顶面的时候，重心整体在上方，有一种向下走的感觉，层高好像被压缩了（图20 ~图22）。

3. 色彩在地面上

当把色彩放在地面上，重心居下，整体给人一种非常稳定的感觉（图23 ~图25）

20

21

22

图 20　色彩在顶面上（1）
图 21　色彩在顶面上（2）
图 22　色彩在顶面上（3）
图 23　色彩在地面上（1）
图 24　色彩在地面上（2）
图 25　色彩在地面上（3）

## 4. 色彩在中间

还有一种情况，色彩在六个面上都不使用，只放在家具、装饰画上，也就是色彩在中间。空间六个面都用白色的时候，会让人感觉到整个空间好像被放大了（图 26、图 27）。

## 5. 运用色彩在六个面的表现处理空间

从图片中能明显感觉到，色彩能够帮助我们非常好地去处理空间。比如拿到一个层高非常高项目，为了避免产生非常高的感受时，可以在顶面上加入色彩；如果空间非常开阔，为了避免产生非常空的感觉，可以在立面上用一些图案、壁纸或者软包、硬包把它丰富起来；如果遇到空间比较小的情况，为了避免这种尴尬，使空间看起来更加开阔，可以在整个空间里使用冷色，顶面尽量不用色彩，把色彩全部用在家具和地面上，这样可以扩张整个空间。

26

27

图 26 色彩在中间（1）
图 27 色彩在中间（2）
图 28 色彩凌乱的空间（1）
图 29 色彩凌乱的空间（2）

## 三、前景色与背景色的关系

如果一个空间走进去的时候觉得非常乱，整体的色彩关系和物品是无序的，或者说空间整体感觉很平淡，非常无趣，真正原因就是没有处理好前景色和背景色的前后关系。

### 1. 案例分析

先来看几个整体给人非常凌乱感觉的空间，然后分析一下为什么出现这种状态，出现这种状态之后如何去解决。首先来看第一个空间（图 28），一眼看上去会觉得色彩关系用得还不错，整体也没那么乱，但走进去之后就会觉得不舒服。先看一下墙面，首先在床头背景上用了明度和纯度都比较高的橘色，图案又比较大，但处于前面床品的色彩，反而没有床头上的色彩强，而且花纹也是属于比较密集的花纹，所以有一种前后颠倒不舒服的感觉。

再来看第二个空间（图 29），同样，床头的背景上使用了颜色比较重的黑色几何线条，而且上方还加了黑色线框的挂画，这两种黑色线框都比较抢眼，产生让人非常不舒服的感受。

28

29

第三个空间（图 30），可以看到整体色彩开始丰富起来了，但同样走入这个空间的时候也会感觉不舒服。从立面上的挂画到中间家具上的抱枕再到地上的地毯，从整体的明度纯度关系上，它们都处于一个层级，也就是空间上中下用的纯度、饱和度都在一个点上。这就出现了一个状况——所有的物品都想当主角，所有物品都想往前走，这样的空间肯定是乱的。

30

同样再看这个空间（图 31）。这个空间里使用了大量图案，图案是色彩里非常重要的一个元素。这个空间在墙面、家具、抱枕和屏风这些地方都使用了图案，而且图案的比例关系、大小形状也都差不多，这时候整个空间就会显得非常繁复，让人感觉到处都是乱的。

31

对比感受一下另外一个空间（图 32）。在这个空间里面，色彩用的也不少，但看起来却没有乱的感觉。首先，从墙面到床再到床上的床品，整体的关系是一层一层往后退的。也就是说它们的纯度关系是一层一层往后走的，拉开了空间感。这样的颜色搭配，是非常有次序的色彩关系。另外，在局部上选择一些小的对比的东西，会让人觉得这个空间是生动的、跳跃的。

32

图 30 色彩凌乱的空间（3）
图 31 图案过多的空间
图 32 色彩有次序的空间
图 33 新中式空间
图 34 大面积使用蓝色的空间

这是一个新中式的项目（图 33），整体是个蓝色调的空间，从立面到家具都使用了蓝色。同样，这个空间也没有让人觉得特别乱或者不舒服。虽然墙上的立面护墙板使用蓝色，家具也使用了蓝色，但是它们有一个很大的不同点：墙面上的蓝，在明度和纯度上做了处理，压得非常低，有一种向后走的感觉。而在前方的茶几、沙发以及花艺上，都用了纯度和饱和度比较高的蓝色，整体有一种往前来的感觉。同时为了使整个空间更加活跃和丰富，在一些抱枕和花器、花艺上使用了黄色。

33

再看这个空间（图 34），几乎所有物品都使用蓝色，比如墙面、家具、地毯、窗帘，甚至挂画里面也使用了蓝色，但这个空间也没有很凌乱，原因在于它对每一种蓝色都做了处理。远方的墙上，整个明度降低，用了后退色，而在前方的家具上使用了明度较高的色彩，属于一种前进色，给人一种往前的感觉。因为对每一种蓝色做了分隔，所以整体看起来有次序，非常舒适。

34

## 2. 如何使用前景色和背景色

先来看一些对比色比较弱的轻奢空间如何使用前景色和背景色（图 35）。对比相对弱的轻奢空间，在立面上整体是淡灰紫色调，它们之间的色彩对比相对不那么强烈，灰色的木作线条、棕咖色的窗帘以及大理石色，都统一在一个整体的色系里面。家具装饰品继续沿用这种色调，同时把局部纯度提高，橘色镶金线的抱枕及菱形格的地毯，拉开色彩层次，使整体呈现次序感。

再看这个书房空间（图 36）。在做一些展厅或者样板间的书房时，如果书架上的书色彩过多，会显得乱，那么可以减少色彩，使用与空间主题色调统一颜色的书，使空间舒适和谐。

客厅空间（图 37），整体画面以灰色为主，点缀粉红色，可以明显看到墙面挂画上也使用浅粉色，为了拉开前后主次关系，在抱枕饰品上用了纯度高的枚红色，使空间层次丰富。

## 3. 前景色和背景色的处理要点

在做一个空间的时候，处理背景色和前景色时一定要注意的一个点就是以整体思维去处理整个空间。如果只盯着一个点，那么就可能导致到处都在使用色彩，整体就可能变乱。

另外，前景和背景指的是物体的前后关系，是通过色彩的一些纯度和饱和度来区分哪个颜色是在前、往前走，哪个颜色明度比较低、往后走。通过这个区分，也是为了梳理空间。从物理学上来说，靠前的就是前，靠后的就是后。如果把它置换掉也是有的，存在于比如 KTV，或者演唱会，会把背景制造得非常强烈，前面的主角相对弱化。这需要根据空间去设定关系，但是我们通常所说的这些，都是生活中常规化的空间，比如样板间或者私宅的展示。

除了置换，还有一个重组问题，前景色和背景色在一个色度上。比如琚宾老师做的新中式空间，有时候会使用这种技巧，但是依旧还是有一些明度上的变化，如果所有物体都是一个样，它们会糊在一起。比如拍一张照片，如果所有物体都堆在一起，看上去就会比较平，没有活跃度和层次感。其实就像打造中式有意境的空间时，虽然做的是弱对比，但是一定是有变化的，这样空间才会显得更加舒服。

图 35 弱对比色的轻奢空间
图 36 书房空间
图 37 客厅空间

## 四、空间的主题色彩

### 1. 色彩主题的来源

好看的色彩搭配很多，但是如何去设定室内空间的色彩主题呢？色彩的主题从哪里来呢？

首先要考虑的是使用者的文化背景、职业爱好，其次是空间的功能用途，比如是客厅、书房还是卧室，先根据这些来设定一个色彩的框架，然后定出空间的色彩主题。

不同风格的空间有不同的色彩印象。比如在做一个男性空间的时候，通常男性给人的感觉是厚重、冷峻，展现理性的气质，所以一般会使用灰色、蓝色来打造一个男性的空间，同时也会在局部使用亮色，去搭配这种黑白灰，来提升活跃感（图 38、图 39）。而女性主题的空间则通常用高明度暖色来传达优雅浪漫的气息（图 40、图 41）。再比如现代气息的爱马仕风格，橘色一定是整个空间的基调（图 42）。

38

39

40

图 38 男性空间（1）
图 39 男性空间（2）
图 40 女性空间（1）
图 41 女性空间（2）
图 42 爱马仕风格

一个空间是某种风格或者某种色彩，往往是有一定的故事和渊源的。一些大品牌把一定色彩作为主题色也是有原因的。例如爱马仕选择橙色做主题色，是因为在二战期间，由于物资匮乏，爱马仕的包装只剩下橙色的材料，虽然之前橙色不受欢迎，但是他们还是被迫选择了这种橙色作为包装。让人意想不到的是，这种橙色包装一经问世就受到了热捧。为了纪念那个资源匮乏的时代，爱马仕便把橙色作为自己的主打专用色，并一直延续至今。

在做女性空间的时候，蒂芙尼风格非常受欢迎，很多女性对这个色彩着迷，它的主打色是这种蓝色（图 43 ~图 46）。蒂芙尼蓝之所以如此受欢迎，一种说法是源于当时的婚恋习俗。圣母玛利亚的蓝色披风代表的是圣洁，所以，中世纪很多婚纱都是蓝色的。还有一种说法，蒂芙尼蓝取自知更鸟蛋壳的颜色。欧美文化中，知更鸟蛋的蓝色被视为幸福的象征，这和知更鸟的习性直接相关。知更鸟是一夫一妻制，雌鸟、雄鸟共同筑巢，另外，它们还是一种极少见的“地盘性”鸟类， 每只鸟会有一块地盘，作为自己的“粮仓”，如有同类鸟侵犯，它们会誓死保卫自己的领土，这些习性迎合了人类对婚姻的想象。在这样层层递进的联想之下，蓝色的知更鸟蛋就开始被欧美人民看作象征着两个人相爱结合之后的爱情结晶，代表婚姻和家庭的幸福。所以现在做一些女性空间，经常会使用到蒂芙尼的蓝色。

43

44

图 43 蒂芙尼风格（1）
图 44 蒂芙尼风格（2）
图 45 蒂芙尼风格（3）
图 46 蒂芙尼风格（4）

图 47 都市风格空间（1）
图 48 都市风格空间（2）
图 49 都市风格空间（3）
图 50 婴幼儿空间
图 51 儿童空间（1）
图 52 儿童空间（2）
图 53 儿童空间（3）

## 2. 主题色彩如何选择

下面结合实例来分析一下空间的主题色彩如何选择。这是一个都市风格的方案（图 47 ~图 49）。在看之前，先想一想都市风格是什么样的色彩印象。都市的环境给人一种人工、刻板的印象，所以无彩色的灰色和低纯度的冷色搭配能演绎都市素雅、理想的氛围。以灰色与灰蓝色为基调，局部辅助一些明度的亮色来增加其氛围。在图示中可以看出，都市风格的整个背景里都是以灰色这种冷色为主，同时加入了一些金属的元素，突出都市的感觉。然后在局部点缀浓度比较高的色彩去活跃整个空间。

同样，在做儿童房时，给婴幼儿的空间配色要避免强烈的刺激，使他们享受到温柔的呵护。宜采用淡色调的肤色、粉红色或者黄色等暖色基调，营造出温馨、幸福的氛围（图 50）。随着年龄的增长，少年儿童的活动能力大为加强，活泼的性格使得他们向往外界，这时候采用比婴幼儿更为鲜艳强烈的色彩，对他们来说更具有吸引力（图 51 ~图 53）。

47

48

49

50

SHARKS
51

52

53

54

## 五、色彩案例分析

### 1. 江西南昌绿地集团别墅样板间

这个项目整体是一个现代简欧的风格，总面积是 363m²，加上阁楼和地下室，上下一共五层。一层是客厅、餐厅、老人房；二层是主卧及休闲阳台；三层是女孩房、琴房；阁楼为冥想休息室；地下是瑜伽室和酒吧娱乐室。逐层来看一下整体色彩是如何使用的。

一层的客厅层高非常高，总共有 6.3m。在相对应的两个墙面上，一面用了一幅非常有透视感的画，另一面墙上如果再用画，整个空间就会显得拥挤单调，所以选择了用镜子，巧妙地把色彩延入到这个墙面上，同时增加空间感（图 54 ~ 图 56）。客厅里的挂画使用了黄色和蓝色，装饰柜使用了绿色，整体看起来非常和谐（图 57）。

55

图 54 江西南昌绿地集团别墅样板间客厅（1）
图 55 江西南昌绿地集团别墅样板间客厅（2）
图 56 江西南昌绿地集团别墅样板间客厅（3）
图 57 江西南昌绿地集团别墅样板间客厅（4）

图 58 江西南昌绿地集团别墅样板间餐厅（1）
图 59 江西南昌绿地集团别墅样板间餐厅（2）
图 60 江西南昌绿地集团别墅样板间老人房

餐厅使用了之前提到的配色小技巧，就是A+B=C的配色方法。所有的单人沙发都用了蓝色，花艺上用了郁金香这种黄色的花（图58）。在水果上方，包括花艺上，点缀了绿色。通过这个画面，可以直观感受到整体色彩的关系是非常和谐的。餐厅里面，虽然窗帘和单人椅上都用了蓝色，但两种蓝做了一个明度的区分，让整个空间有层次（图59）。

老人房还是沿用一层空间的整体色彩——蓝色，但整个色彩的明度没有那么高，会稍微沉稳一些，并加入了稳重的金咖色（图60）。抱枕上方沿用了墙面的咖色，局部点缀了橘色的抱枕和小花艺来增加氛围，窗帘地毯则继续沿用客餐厅色调，使整个空间更加和谐。

58

59

60

图 61 江西南昌绿地集团别墅样板间主卧（1）
图 62 江西南昌绿地集团别墅样板间主卧（2）
图 63 江西南昌绿地集团别墅样板间主卧卫生间

二层主卧室同样延续整体空间蓝色调，家具、床品及装饰品上色彩的明度都比老人房偏高（图 61、图 62）。在装饰画上，使用了三卡薄被的装裱形式，中间一层卡纸使用了咖色串边，与床品上的咖色相呼应，使空间关系更加丰富和谐。在床品上，第一层与最后一层都用了纯色抱枕，中间两层使用了带有图案的抱枕，同时色彩上使用了互补色，使整体层次更加丰富。主卧的卫生间，挂画里用了一点点绿，花艺选择了暖暖的黄色跳舞兰，配上蓝色的花器，用这三种色彩打造一个非常有次序的小景（图 63）。当处理某个空间的时候，一定要注意，属于这个空间里的任何一个物体，它们之间必然是有联系的，如果空间里的物品“谁和谁都不说话”，整个空间就会显得很平淡。

61

62

63

三层做了两个功能性的房间，一个是女孩房，一个是琴房。女孩房的人物设定是一个 18 岁的大女孩，她喜欢赫本，喜欢音乐。所以在整体色彩上使用了一种暖暖的、偏玫红的红色来营造女孩儿的气息。在局部台灯上使用了孔雀蓝色去综合整个空间（图 64、图 65）。

琴房为了打造一种活跃的气息，大面积使用了橘黄色（图 66）。同时选择了比较有韵律感的造型家具，使整个空间更有意思、更活泼。在饰品上，为了使整个空间跟音乐、韵律感的元素有关系，使用了比较活泼的挂画（图 67）。

64

65

图 64 江西南昌绿地集团别墅样板间女孩房（1）
图 65 江西南昌绿地集团别墅样板间女孩房（2）
图 66 江西南昌绿地集团别墅样板间琴房（1）
图 67 江西南昌绿地集团别墅样板间琴房（2）

66

67

图 68 江西南昌绿地集团别墅样板间娱乐室
图 69 江西南昌绿地集团别墅样板间楼梯间（1）
图 70 江西南昌绿地集团别墅样板间楼梯间（2）
图 71 江西南昌绿地集团别墅样板间楼梯间（3）

地下一层的娱乐室和瑜伽室为了打造一个休闲娱乐放松的空间，避免了饱和度比较高、对比性比较强的色彩，虽然还是沿用了整个空间的蓝色，但是在蓝色上降低了纯度，营造一种轻松的氛围。同时也为了突出一丝带有奢华气息的小感觉，在局部加入了带有光度的金属装饰品（图 68）。

楼梯间为了增加空间的趣味性，选择了一些动物挂画和人像来增加整个空间的灵动感（图 69 ~图 71）。

69

70

71

## 2. 济南章丘杰正地产林里・天怡项目样板间

这是一个 95m$^2$ 的小户型，两室一厅一卫，休闲度假海滩风格。橄榄绿色把整个空间贯穿起来，客餐厅以及主卧立面上都使用了白色和橄榄绿色，顶面上选用亚麻咖色的纱线壁纸，整体给人自然清新的感觉，突出度假休闲气质。在软装配饰上，客厅整体布艺沙发使用明度纯度偏灰色系的绿色，局部在花艺、装饰画、饰品上点缀了纯度高的绿色来增加活跃度，在家具上也使用了绿色绲边呼应整体（图 72、图 73）。由于层高比较高，灯具上选择了装饰性与功能性相结合的、偏休闲感设计的灯具，灯的色彩也是使用自然风感觉的暖灰色。在家具、地毯和抱枕上使用了一些几何纹路和一些小的花纹。

72

73

这个空间在墙面上开了三组窗户，而且相对来说是个瘦长型的空间，所以对这个空间做了两个功能性上的使用：一个功能是客厅、一个功能是书房。这样做也是和人物定位有关系，当时人物设定的喜好是看书、旅游，所以在墙面上做了一个关于旅游的装饰画（图 74）。

餐厅空间里的开放式厨房做了吧台式三人位，局部色彩上点缀了一些红色的小果子，营造生机勃勃的气氛（图 75）。

图 72 济南章丘杰正地产林里 • 天怡样板间客厅（1）
图 73 济南章丘杰正地产林里 • 天怡样板间客厅（2）
图 74 济南章丘杰正地产林里 • 天怡样板间书房
图 75 济南章丘杰正地产林里 • 天怡样板间餐厅

74

图 76 济南章丘杰正地产林里・天怡样板间主卧（1）
图 77 济南章丘杰正地产林里・天怡样板间主卧（2）
图 78 济南章丘杰正地产林里・天怡样板间女孩房
图 79 济南章丘杰正地产林里・天怡样板间卫生间

主卧室依旧延续整体色彩——橄榄绿色，在床头墙面上使用橄榄绿色的护墙板，由于层高比较高，所以选择了高背的床屏，床屏上使用自然植物系的暗纹，整体与背景和谐（图 76、图 77）。床品使用了与整体色彩互为邻近色的蓝色， 局部点缀了互补色橘色，活跃空间气氛。为了过渡墙面上的橄榄绿、白色、亚麻色三种颜色之间的关系，窗帘的幔头使用了灰白色，绿色串边，窗帘上也使用了暗纹植物呼应整体。为了更好地过渡顶面，即立面上的白色和橄榄绿色，在窗户上方使用了暖灰色的窗帘，使整个休闲度假自然风更加浓郁。在地毯上，使用了亚麻色的剑麻地毯。整个空间除了橄榄绿，也加入了与它互为邻近色的暖色，在很小的局部点缀了橘色去综合整个空间的色彩关系，使空间更加生动。

76

儿童房人物定位是一个 4、5 岁的小女孩，所以选择了暖暖的粉红色系。同时立面上沿用了橄榄绿，不过这个空间的橄榄绿比其他空间稍微暖一些，营造生机活力的感觉（图 78）。因为整个空间主题设定的是小女孩喜欢手工和绘画，所以在其中一个区域打造了一个小景，在这个区域，父母可以帮孩子一起做手工，然后把做的手工放在整个空间里面。同时，为了使休闲度假风在每一个空间里都有体现，还在这个空间里加了个小帐篷，使整个空间更有趣。

77

从客厅到卫生间墙壁上都有橄榄绿色，为了使它显得不那么单调，使用了与它互补的橘红色，空间整体看起来比较生动有活力（图 79）。

78

79

# 第四节

# 色彩学习

图 80 莫奈的《安提比斯的园丁之屋》
图 81 做马赛克处理后的《安提比斯的园丁之屋》
图 82 将《安提比斯的园丁之屋》中的色彩比例关系运用到空间中
图 83 将《安提比斯的园丁之屋》的色彩再创造后运用到空间中
图 84 将《安提比斯的园丁之屋》改变色相后运用到空间中

软装色彩不仅在工作中可以学习，生活中的方方面面都可以产生灵感。比如在绘画中、音乐中学习。艺术都是相通的，不论是绘画还是音乐，都是通过视觉、听觉去影响人的精神世界，这两种艺术之间也是有内在联系的。当这两种艺术联系在一起之后，会产生一种联觉效应。一些绘画大师和音乐家都会使用这种联觉效应去创作作品。在做一些项目的时候，在色彩的选择上也可以运用这种方式，把音乐中听到的声音转化成色彩，然后再把色彩运用到空间里，就可以更好地诠释空间。

自然中的色彩是最高级的色彩，它们的搭配也是一种天然搭配方式，设计师完全可以把感受到的地面的色彩、天空的色彩，以及绿色植物的色彩运用到空间里，更好地丰富整个空间。在色彩学习里，还有一些比较快速的方法。如果对色彩理解并不多，或者之前并没有学习过，那么可以用这些捷径快速学习，并且很好地运用到空间里去。

## 一、向大师学习色彩

首先来看印象派画作大师莫奈的代表作《安提比斯的园丁之屋》。印象派有一个特征——画光、画颜色。从整体画面可以看出，这幅画色彩饱和度非常高，而且明度等各方面非常和谐（图 80）。那么如何去学习，并把他的色彩运用到空间里呢？

首先，对画做马赛克处理，这样所有的色彩比例关系就呈现出来了，每种色彩在画面中的占比及关系一目了然（图 81）。

80

81

然后经过理论分析，会得出一组数据，把这个数据运用到空间里，就是将大师的那幅画运用到空间中的样子（图 82）。但这仅仅是向大师学习的第一步——照搬他的色彩。

除此之外，还可以在大师的基础上，对色彩进行深化、解构和再创造。首先也是将大师的画做马赛克处理，然后把马赛克处理后的画得出的所有理论分析数据进行对调。比如原画作中天空中蓝色占得比较多，黄色比较少，这时候可以反向一下，把黄色的比例增加，蓝色的比例缩小，然后再经过一个数据的分析，得出新的马赛克的图片，然后把这个色彩数据和比例运用到空间里边，这样就得出了第二个空间的色彩关系（图 83）。这时候就和大师的原作不同了，但是整体也非常漂亮。

如果还要在大师的基础上再走一步，应该怎么做呢？可以通过图片对比看一下上面的两种色彩关系在空间中如何呈现，以达成和谐的效果。因为本身莫奈的画就非常漂亮，色彩关系非常和谐，如果在画中提取一部分运用到空间中，也会非常好看。还是在原画的基础上进行，在保证原画的明度和纯度不变的情况下，去改变它的色相，色相改变后又可以生出一幅新的画作，这时候再对这幅画进行马赛克处理，同时得出理论性分析，把分析再运用到刚才的空间里面，这时候又得出了第三个空间色彩关系（图 84）。以上这三个空间，第一个是运用了原作的色彩比例关系，第二个是运用原作色彩置换的比例关系，最后是再创作。这就是通过大师画作来达成空间色彩，通过色彩分析、色彩重组、再创作这几个步骤，创造出不同的色彩空间。这是色彩学习中的一个捷径，向大师学习，然后通过几个步骤，得出新画作。

82
83
84

图 85 香奈儿 2016-2017 年秋冬高级定制服装（1）
图 86 香奈儿 2016-2017 年秋冬高级定制服装（2）

## 二、时装中的色彩学习

色彩学习还有另外一个角度。作为设计师都非常清楚，每一年都会有一些流行色，不论是包装、产品，或者是在室内设计里，都习惯寻找当年或者明年的流行色或流行趋势，然后运用到空间里，跟着时代走。那么，如何去获取色彩的流行趋势呢?

一个方向是通过时装周去把握当年色彩的流行趋势以及当年或者下一年整体设计元素的走向。时装周中整个走秀的设计、模特服装的造型、色彩搭配、刺绣花纹、模特妆容以及头饰，都是色彩的来源。

那么如何去提取呢？以香奈儿 2016-2017 年秋冬高级定制系列为例，这一季整体的服装色彩延续之前黑白银色彩搭配，同时在色彩里边穿插了这两年比较流行的马卡龙色。在服装里，马卡龙的粉色、蓝色以及偏红的色彩，可以运用到空间一些小的色彩上。因为是秋冬发布会，能感觉到整体的色彩还是以大地色为主，同时在局部点缀了马卡龙色，同时在一些套头的服装上方，加入了一些刺绣的花纹来彰显服装的华贵，这就是一个流行的趋势。

那么如何把服装色彩运用到空间设计中呢？以这套服装为例（图 85），沿用经典的灰色系，上衣和下衣做了整体图案的划分，上衣是带图案的偏亮色的色彩，裙子用了偏灰的蓝色。这种搭配对做一些床品或者沙发抱枕的时候，有一定借鉴。一定要一种花纹和一种素色搭配，这样才会有层次感，整体才会有舒适感。

另外，看发布会还要注意一些图案的使用。因为图案出现在画面的大小比例关系直接影响整个空间的次序性以及美感，包括花纹和马卡龙色的运用。例如这套服装（图 86）。经典黑白灰设计，毛呢质感，再看一下图案的比例关系，即使黑白灰，它们之间也一定是有层次的。忽略模特，把她看作一个整体黑色，上方点缀了一点局部的图案，然后再综合肤色，作为中间的一个色彩，就呈现出了黑白灰这种关系。想象一下，如果把上边的图案去掉，整体是一个毛呢质感的没有任何变化的服装，会觉得很平淡，不能突出高贵感和服装的品质感。做软装搭配的时候，如果也是偏冷的黑白灰色系，这时候如果底色是黑色，上方一定要点缀一些图案，比如银色，再加一点灰色，这样看起来整体比较和谐。

香奈儿 2016-2017 年秋冬高级定制服装系列发布会打造的是“向工匠精神学习”，同时也是向高级定制致敬的一个秀场主题。回到实际工作中可以想到，工匠精神将会成为一个时代的主流。那么比如在做样板间或者在一些空间的打造上，可以使用一些皮具，或者手工花艺、又或者是一个珠宝设计师的珠宝设计工作室……当客户或者业主进入这样的空间的时候，就会有心理的共鸣感，也更能打动人。再以古驰 2017 春夏男装发布会为例。设计师这一季打造的是一种非常玄幻和神秘的绿色空间，同时也切合整个主题——旅行。因为是夏季，所以服装色彩是比较鲜艳的，秀场用一条巨蟒图案地毯把整个空间串了起来，并在所有的服装上用了植物暗纹，以及 3Z 绣法。这样的图案放在服装上面，整体营造了一种非常玄幻的感觉，就像在丛林中探险一样。在整个发布会中，还有一个非常大的特色，也是这一季的亮点——对于东方元素的运用。中式图案以及中式的盘结扣频繁出现，服装设计师都在往东方的元素上找设计灵感的来源，这也就是为什么这两年的样板间、售楼处以及一些私宅里面，很多人喜欢做一些新中式的风格，这就是文化的回潮、回溯，也是软装设计可以参考的设计元素以及风向。

85

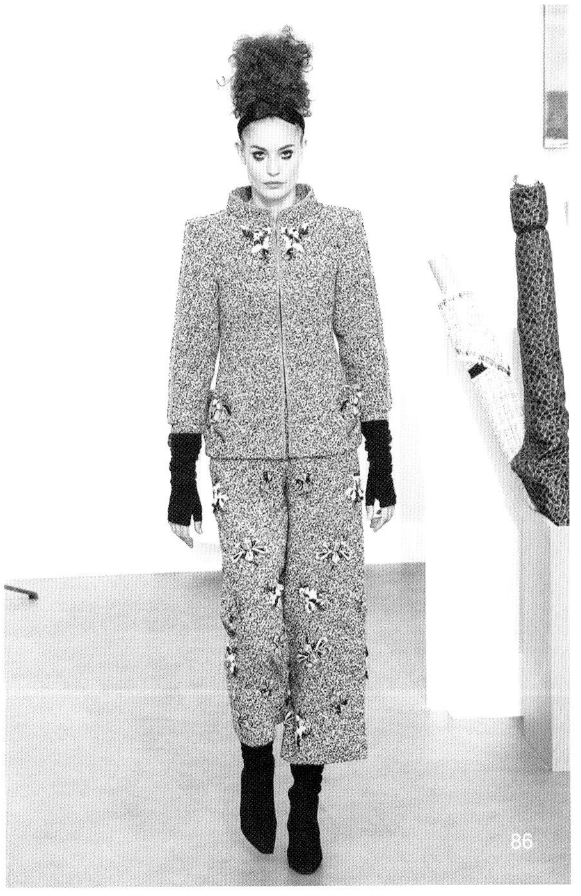
86

## 三、电影中的色彩学习

电影是生活的一个缩影，它把生活中对色彩、空间的构成进行了浓缩，向电影学习也是一个快速成长的方式。想必很多人看过《了不起的盖茨比》这部电影，对于室内设计师，这是一个必看的电影，因为无论是里面讲述的故事、还是一些镜头和空间的处理，都非常有利于色彩的学习。

先来看其中的一个镜头（图 87）。从这个镜头中，首先感受到的是中间那位女性的优雅、高傲，以及带着挑逗的一点点暧昧气息。前方大面积使用了裸色系，局部点缀了小小的桃粉色，把空间的氛围营造得更浓郁。后方使用了偏冷色的蓝灰色，让空间有一个前后的拉伸感。在做项目时，如果想打造一种女性气息的空间，就可以把这种色彩搭配运用到其中。

同样还是《了不起的盖茨比》的镜头，从镜头里可以感受到浓郁的纸醉金迷，或者说享受生活奢华的状态（图 88）。首先色彩运用了金咖色，同时摆放了带着金属光泽的饰品来营造奢华的感觉，抱枕也选择了光泽感很强的丝绒材质。所以，如果想做一个欧式偏奢华的空间时，可以从这个镜头中提取色彩，并参照材质上的一些运用，这样风格走向差得就不会特别远。

再来看另外一部电影——《天使爱美丽》里的镜头（图 89）。这部电影中很多镜头都运用了绿色和红色的撞色，并且是高饱和度撞色。在前面“色彩原理”一节中曾经提到过，如果直接撞色，空间会显得非常生硬。但这部电影里运用的色彩的配比不会让人觉得不舒服，反而很和谐。为什么呢？红色属于一种暖的、带有

87

88

89

图 87 电影《了不起的盖茨比》（1）
图 88 电影《了不起的盖茨比》（2）
图 89 电影《天使爱美丽》
图 90 电影《布达佩斯大饭店》（1）
图 91 电影《布达佩斯大饭店》（2）

膨胀感的色彩，与冷色系的绿色搭配的时候，一定要注意它们的比例关系。在电影画面里，减少了红色的使用，把膨胀感缩小，大面积使用冷色系的绿色去中和，这样就会减少不舒适的感受。当拿到一个空间时，需要定一个主题，例如甲方喜欢绿色，这时想要把空间做得非常舒适，一定要注意冷色和暖色的面积比例，这样空间才会显得和谐。

再看另外一部电影——《布达佩斯大饭店》。导演韦斯·安德森（Wes Anderson）被称作美学大师、用色大师。他的电影里每一个镜头都用得非常精微、巧妙，展现给人非常有意思又带着一种轻微怪诞的感觉。所以有人说他不仅仅是导演，还是室内设计大师。电影里有一个场景是古斯塔夫和他的夫人在电梯里的一幕（图 90）。从画面可以看出里面的配色关系，和《天使爱美丽》一样，空间使用的也是一种高纯度、高饱和度的色彩对比。这里面用了高饱和度的红色和紫色进行配色，但是又加入了白色中和两种色彩的关系。可以看出，这个画面表现很刺激，能够立刻吸引人的眼球，同时这个镜头又带有一丝怪诞的感觉。当设计一些非常躁动的空间，比如 KTV 时，就可以采用这种高饱和度对比的色彩去吸引刺激人的眼球。同样是这部电影里的配色，这个配色可以和前面讲到的色彩理论有一个很好的呼应（图 91）。这里面用了紫色和黄色的配色关系，但是在色彩的明度和纯度上做了细微的改变。为了突出主角，把前方人物穿的服装颜色提亮了一个度。次要表现的人和物，在整体的明度和饱和度上做了减弱，这与前面讲的前景色和背景色是一个道理：如果想让画面饱含语言和次序，一定要分开前后关系，学会使用明度和纯度的对比。

90

91

# 3

# CONCE
# TIONS

.P-

# 第三章 软装提案

# 第一节

# 如何学习软装

## 一、软装到底是做什么？

在实际工作中，软装设计师常常被误认为是“家具买手”“家具搭配专家”，很多家具店、灯饰店、布艺店的销售人员也会自称为“软装设计师”。其实，软装设计是一门体系庞大的学科，它需要设计师对空间、艺术、生活方式有一定的分析和洞察，需要通过不断学习和积累、不断发现生活中的美好和不同，用当代人的审美趋势来呈现出好的空间给大家。可以说，软装的本质就是设计师针对项目所做的体验管理。

## 二、软装设计师如何学习

一份好的设计作品会在温暖之余带给人更多的感动。在看到这些作品的时候，能从这份作品中感受出设计师想要传递的是什么。很多设计师在做软装方案的时候会针对项目做思考和分析，有很多想法想去表达，却不知道从哪一个步骤开始做。

### 1. 灵感来源

一般而言，设计师们会在做软装方案开始之前，先去一些 APP 或者网站上寻找素材，积累灵感。但是我们在网页中看到的优秀的设计作品已经是经过别人好几手的加工成果，或者说已经是很完整的创意，我们很难从中借鉴，稍微不慎就陷入模仿而无法逃脱出思维的限制。所以，灵感的来源不应该只限于网站和 APP，我们应该管理好自己的灵感来源。现实生活、文艺作品等都可以给我们提供很多灵感来源。

电影是设计师普遍寻找灵感的一个方式，里面可以看到不同时代的生活状态和场景。例如电影《灰姑娘》《了不起的盖茨比》《王牌特工》《穿普拉达的女王》《布达佩斯大饭店》等，这些电影中可以看到各种设计风格。再比如电影《最佳出价》中的一个场景（图 1），在做粘贴墙的时候就可以借鉴里面的形式。

再比如做一个长辈房，可以参考《归来》这部电影，从而了解经历了那段特殊历史时期的长辈们的心理状态和情绪，体会到已知场景带给他们的心理体验，再加上自己的理解作为灵感去完成一个真实的空间场景。在这个空间里，没有选用很华丽的样板间的常规家具，而是以木色白色为主，床品用了驼色点缀。床上随意打开的老相册，起到了点题作用（图 2）。

图 1 电影《最佳出价》
图 2 根据电影模拟出的长辈房

电影是可以感知到的空间，但是在文学里如何感觉到空间呢？看文学作品和看电影电视是两个感受。例如冰心的《太太的客厅》中有这样一段：“墙上疏疏落落的挂着几个镜框子，大多数的倒都是我们太太自己的画像和照片。无疑的，我们的太太是当时社交界的一朵名花，十六七岁时候尤其嫩艳！相片中就有几张是青春时代的留痕……书架子上立着一个法国雕刻家替我们的太太刻的半身小石像，斜着身子，微侧着头……书架旁边还有我们的太太同她小女儿的一张画像，四只大小的玉臂互相抱着颈项，一样的笑靥，一样的眼神，也会使人想起一幅欧洲名画。此外还有戏装的……”

这个空间是什么样的？虽然并不准确，但可能做出来是这个样子（图 3）。

再看另一段描写："南边是法国式长窗，上下紧绷着淡黄纱帘。——纱外隐约看见小院中一棵新吐绿芽的垂扬柳，柳丝垂满院中。树下围着几块山石，石缝里长着些小花，正在含苞。窗前一张圆花青双丝葛蒙着的大沙发，后面立着一盏黄绸带穗的大灯。旁边一个红木架子支的大铜盘，盘上摆着茶具。盘侧还有一个尖塔似的小架子，上下大小的盘子，盛着各色的细点。

地上是'皇宫花园'式的繁花细叶的毯子。中间放着一个很矮的大圆桌，桌上供着一大碗枝叶横斜的黄寿丹。四围搁着三四只小凳子，六七个软垫子，是预备给这些艺术家诗人坐卧的。"

这可能是一个下午茶的空间，主人用来招待某些大艺术家。当读到这段文字时，脑海中会浮现出一个空间（图 4），这就是从文学中感受到的空间。

再比如，《周记》中说："玄璜礼北，苍璧礼天，

3

4

图 3 根据文学作品模拟出的客厅
图 4 根据文学作品模拟出的空间
图 5 下午茶主题空间

天子持玉璧而居正中。”可以想象坐在这个空间里的人是谁。通过文字就能感受这个空间的尊贵性。

再举一个生活中发现灵感的例子。比如和朋友在咖啡馆里吃下午茶。下午茶是来源于英国的上流社会，于是，可以想到这些关键词：乌龙茶、英国、上流社会、奢华下午茶。那么做一下延伸，提到英国，大家脑海中都会想到大本钟、双层巴士、邮筒、穿格子短裙的男人、苏格兰风笛，这些标记已经成为英国一道独特的风景线。而英国的下午茶更是影响到了全世界，一首英国民谣曾经这样唱到：“当时钟敲响四下时，世上的一切瞬间为茶而停。”

那么，如果以下午茶打造一个场景，它应该是怎样的呢？它可以是有质感、精致而有仪式感。色彩浓烈大胆，家具柔软舒适。这是以下午茶为主题打造的一个场景（图 5）。

客厅背景的黑白手绘屏风是典型的英国乡村风景，墨绿色的沙发搭配红色抱枕，契合了英伦里红绿色格子的颜色搭配。铜质吊灯衬托着考究的茶具，玫瑰花在花瓶里怒放，点心架上摆放着各种精致的点心，随时准备着演绎一场时尚浪漫的下午茶。这是对英伦下午茶画面的想象延伸，所以下午茶的灵感就是来源于生活中的一个小小的细节，来源于现实生活。那如果将电影、文学作品带给我们的灵感与现实生活相叠加，会是怎样的结果呢？大家都知道《星球大战》这部电影。这部电影中最关键的一个道具就是“光剑”，而剧情中大部分的场景都是取自荒芜的原野、冰冷而又有科技感的太空舱等。那么，来自星球大战这部电影的光剑、原力这样的灵感，遇到现实生活中的粗糙、坚硬、紧密有序的场景，互相叠加，就有可能得到一个相对粗犷、偏男性的空间（图6～图8）。

在这个空间里，从天花延伸到墙壁的灯带，是借鉴的光剑的灵感。灯带矩阵排列成为视觉的中心点。更衣室则以木质与钢材相互碰撞。原木的椅子有质感而又有温度感，不锈钢材质的边几坚硬冰冷，两者碰撞更具张力。大家可以利用上面的方法，尝试着做一些头脑风暴。

2. 主题的组合应用

电影、文学、艺术等和做方案有什么关系？下面列一个简单的公式：地点＋色彩＋人物＋文化＋喜好，这样就可以得出一个场景，也非常贴合想要的结果。

6

7

8

图6 根据电影《星球大战》模拟出的空间（1）
图7 根据电影《星球大战》模拟出的空间（2）
图8 根据电影《星球大战》模拟出的空间（3）
图9 东方艺术空间
图10 蓝色海洋主题空间（1）
图11 蓝色海洋主题空间（2）

例如，地点可能在城市，可能是西安、广州或是杭州，每个地点有不同的地域色彩，可能提到北方的城市就会想到故宫，提到南方就会想到安徽黑瓦白墙的建筑。想到人物，有很多人物可以列举。文化和喜好可以相加，可能有多种多样的艺术形式或者喜好，例如喜好是喜欢啤酒雪茄、上网或写作……那怎么把它们呈现出来？需要场景化。

例如，把地点定在亚洲，背景是东方文化，场景有喝茶、篆刻、写书法、绘画，有日本的大麦茶，也有东南亚的藤编艺术，喜好是收藏和鉴赏。通过这几点可以迅速归纳一个东方艺术的空间，用这样的方式，很快就能在一个空间里展现出想要的东西，然后把它做出来（图9）。

9

再例如，色彩 + 文化，蓝色 + 海洋。海洋文化可能是航海、游艇、帆船等，得出来可能是个偏古典的空间，有一个蓝色的基础，再加上代表海洋文化的一些图纸或者帆船的元素（图10、图11）。

10

11

这个公式应用起来可以千变万化，当找不到做方案感觉的时候，可以用这个公式代入一下，找到客户喜欢的风格类型的方案。

## 第二节

# 如何做出打动甲方的方案

当接到了甲方委托的项目的时候，设计师该如何做出一个打动甲方的方案？甲方关注的是：我要如何去把房子卖掉？如何能让我们的空间更有优势，成为最好的区域？所以，本质上设计师要处理的不是软装，而是感受、体验和情绪。情绪是整个空间带来的一种感知，所以设计师要去想，甲方真正需要的是什么？我们要去做什么？我们要解决什么问题？

### 一、方案初期的三个原则

在方案初期，首先要考虑三个问题：产品原则、代入原则、偏好原则。

产品原则就是经过不断地梳理户型和二次创造，分析户型的优点是什么、缺点是什么，这个空间到底要保持什么、收纳什么、改造什么。

代入原则是要在空间里面表达出设计师想要表达的情感，实现代入感。通过营造故事和场景，让客户代入进去，产生共鸣，能跟他现在的生活产生对照。

偏好原则是在典型客户分析阶段需要做的事情。不同的人喜好是不一样的，他们看的书不一样、喜欢的味道不一样、听的音乐不一样、生活方式不一样，所以即使是对同一个小区同一户型的改造，也不能做成同样的空间。

在这一阶段，就需要设计师不断去分析客户想要什么，我们能给客户带来什么，能给客户什么样的感觉。例如一个 120m² 的房子，当针对一个高端的客户时，甲方也许提出这样的要求，偏欧式或者偏复古的一个空间。但当这个高端客户是 80 后或者 90 后，甲方可能就会要求是比较冷淡、简约的空间，这更符合年轻人的审美，所以客户的偏好性是很重要的。

### 二、场景的营造

有的样板间很好看，空间特别丰富，但是生活场景不够丰富，很单薄，原因就是在方案阶段没有想清楚要呈现出来的是一个什么样的空间。

#### 1. 虚拟客户形象

在样板间设计的流程中，最开始也是最关键的定位就是“虚拟客户形象”。这个客户形象，是根据房地产商提供的项目信息（包括项目价位、地段、针对客户群的年龄、学历、收入、

图 12 山东威海别墅项目设计方案
图 13 山东威海别墅项目效果图(1)
图 14 山东威海别墅项目效果图(2)

职业特征等），提取出共性，再将其形象化。比如一个位于山东省威海市的别墅类客户，针对客户群为城市高端收入人群，年龄在 40 ~ 45 岁，为了改善住房条件而产生购买需求，入住后一般为三代同堂。根据这个情况，最终临摹出的虚拟客户形象为：孙先生，45 岁，企业高管，自幼接受西方教育，同时也深爱中国传统文化，保持良好的阅读习惯，艺术修养较高，喜欢收藏古玩字画并且有一定鉴赏能力。许女士，42 岁，中医师，国学素养深厚、精通中医学理论及实践知识，喜欢研究养生食疗，为家人提供健康饮食，并且业余时间喜欢音乐和园艺。女儿恬恬，16 岁，受父母影响，比较喜欢中国传统文化，喜欢诗词歌赋，喜欢《见字如面》《诗词大会》这样有深度的综艺节目，马上要上高中，高中毕业后准备出国深造。孙先生一家与父母同住，父母为七旬老人。父亲年轻时喜欢画画下棋，母亲喜欢侍弄花草。闲暇时光，老两口画画下棋，含饴弄孙，日子过得简单而温馨。

12

13

14

2. 营造生活场景

根据这样的客户形象，最终做出的设计方案以及效果图（图 12 ~ 图 14）。

打动人的是生活，而不是设计。在设计过程中，不能只考虑家具好看不好看、这个空间有没有适合的颜色，还要考虑这个空间要带给我们的是什么，是一个让人真正能居住和生活的地方，而不仅仅是一个展示的地方。

从产品来说，样板间可能仅仅是一个销售道具，但是设计师要带给客户的是一种生活方式，当客户来到样板间，感受到这种生活方式能带给我更好的体验，进而需要这样一个房间。在软装设计中要有一个场景营造，设计师要做的是对生活场景的还原，而不是再创造。设计师要不断借鉴好的场景、有温度感的场景，让空间有人物、有温度、有属性。在销售过程中也是这样的道理，通过营造一幕幕的生活场景，让空间更丰富更灵动，然后创造一幕幕的销售点，让用户觉得这就是我想要的生活、想要的房子，这样才能解决用户的痛点和难点。

## 三、如何把大空间的问题拆解

在方案前期的阶段，先不要去定义什么样的风格，要去做的是符合这个空间和人物设定以及整个销售逻辑的思考。

当拿到一个大的空白空间的时候，设计师要先去想一下自己想要表达的是什么（图 15）。试着把一个大问题拆分成一个个小问题，当一个个小问题不断解决、完善的时候，基本上就可以把整个项目做一个完善。一般情况下，可以通过六个方面对项目做一个简单分析：项目定位、人物定位、风格定位、色彩定位、元素定位和细节定位。当这六个定位都解决掉的时候，空间就不会出问题了。

**1. 项目定位：**只有对你所要面对的项目有一个明确的定位，才能有一个正确的出发点处理整个空间。比如项目的地段，是在繁华区域还是在边缘区域、资源是集中的还是很稀少的，这就决定了整体的档次定位，空间设计的方向也就是不同的。这一点，在后面就具体的项目会展开具体分析。

**2. 人物定位：**就是之前提到的虚拟客户形象。根据项目定位，从而衍生出可能购买这一楼盘的人物阶层和群体。然后对这个群体细分，比如他们的爱好、习惯、倾向等。这样，在这样一个项目群体中，基本就有了这个人物大体轮廓，或者某一类人描摹。

图 15 空白空间

3. 风格定位：是基于项目定位和人物定位的。根据项目的情况和人物的喜好，确定设计风格。

4. 色彩定位：是基于风格定位和人物喜好，选择主色彩。比如确定了是地中海风格，肯定是以蓝白色调为主。确定是新中式风格，那色彩就以木色、褐色为主。

5. 元素定位：是确定在项目中会出现什么元素，现代还是复古，奢华还是内敛。然后把元素运用到空间中。

6. 细节定位：是在以上五点全部确定后，根据以上五点，确定会出现在项目中的细节。比如人物定位中虚拟客户喜欢绘画，那空间中会不会出现一些绘画作品？虚拟客户喜欢茶道，那会不会单独设计一个茶室？

7. 六大定位实例分析

以另外一个山东威海的项目为例做进一步的说明。

项目定位：中高端市场，针对改善型住房以及一部分有购买能力的刚需客户。

人物定位：根据项目定位，假设出一位干练、知性的女性。她有过留洋经历，受法国文化影响深厚，但最终仍然选择回家乡工作。

风格定位：在确定了人物调性的基础上，将风格定位于偏轻古典的欧式空间。

15

色彩定位：以淡蓝色为主和白色为主。为符合针对中高端市场的项目定位，以金色镶嵌为点缀。

元素定位：以现代的简洁线条为主，不断应用，将风格趋向融合到空间中。

细节定位：加入了手绘和画廊的油画为装饰，突出空间的艺术感。

最后，这个空间做出来是混搭的效果，还有一些渐变。呈现出来可能是个偏女性化的空间（图16～图18）。

所以在一个项目的方案初期，还没进入空间之前，一定要先看、想、做。不断分析人物、场景、风格、色彩、细节和元素的表达。

16

图 16 六项定位后完成的空间（1）
图 17 六项定位后完成的空间（2）
图 18 六项定位后完成的空间（3）

## 第三节

# 软装方案的构成

软装方案一般会分为三个部分：户型分析、典型客户分析、设计方案。

## 一、户型分析

### 1. 平面图分析

如果项目不做平面图，或者软装方案特别简单，只把一些软装图片贴上去，这样做出来一般实现的效果较差，因为所有的分析都是为了后面的方案做铺垫，所以这一步不能缺少。最初的户型分析就是看空间布局的合理性。

第一要看空间的动线是不是符合人走进来的习惯，在展现的场景里面是不是有视线的阻挡，是不是能一眼看到设计师想表达的东西。比如这个儿童房（图 19、图 20），在图中可以看出，设计师将儿童房做了一个半围的沙发床的设计，但这种床在实际的家庭中一般不会使用，所以改成了常规的榻榻米、柜子加书桌这样的整体设计，节省空间并且利于收纳（图 21）。

第二是看一下空间动线与尺度的关系。如果有需要对一些家具做调整，因为有时候家具尺度

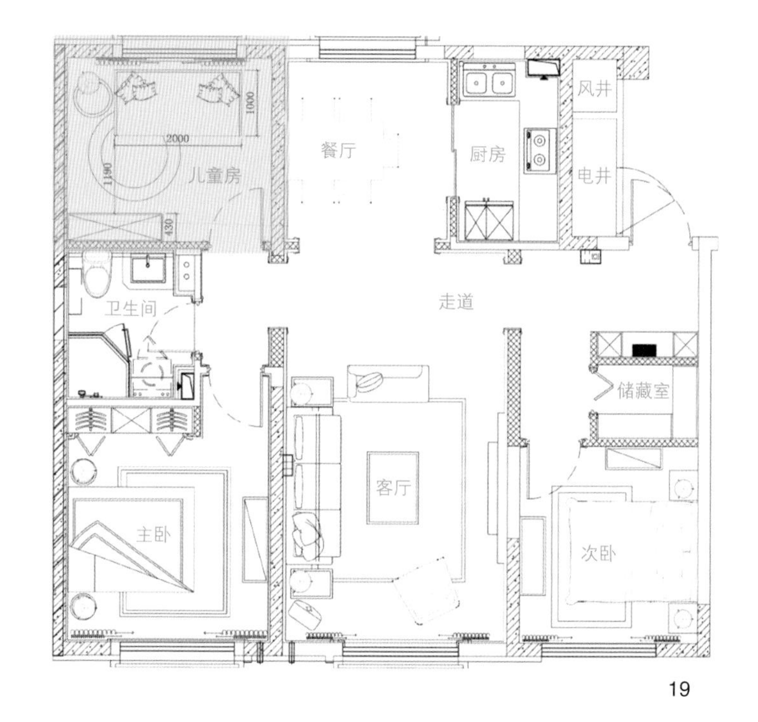

19

图 19 儿童房平面图（1）
图 20 儿童房平面图（2）
图 21 调整后的儿童房平面图

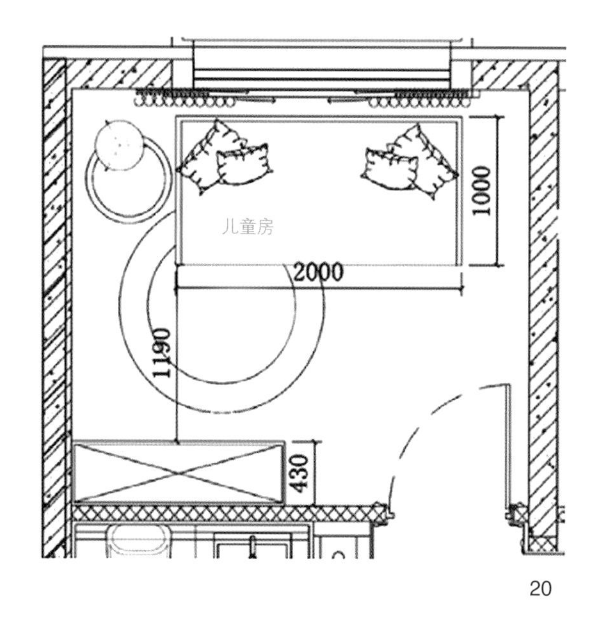


20

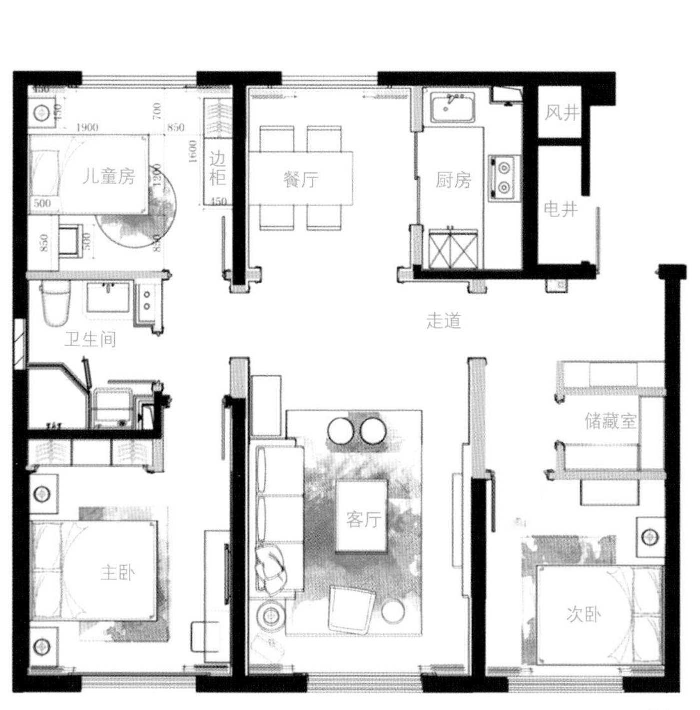


21

不能完全匹配整体空间的环境，所以在平面阶段，就要感受整个平面尺度。例如把坐墩儿换成矮榻和两个坐墩儿、将单人沙发调整一下方向、把老人房的床做一个缩尺的处理，使得空间变得更大等（图 22）。

第三要在平面上分析软硬装的收纳关系（图 23）。在这个分析中，要看需要更改哪些地方。正常家庭可能会需要整个空间面积的 20% ~ 25% 的收纳空间比例才能满足起居的过程。在硬装上可以做一些柜子当作收纳空间，但在销售过程中，客户经常会问：“我的衣柜这么小，没办法放开，我的东西怎么办？”所以在软装设计中，也要调整空间，做软装收纳。

2. 效果图分析

效果图阶段可以很直白地看清整个空间的关系以及材质与空间的关系，这样可以对硬装有一个基础材质的分析。一般情况下不需要把材质全部提取出来，可以做成一大类，然后在后期再去做适合的软装。

例如这几个空间（图 24 ~ 图 26）。首先分析它们的基础材质。第一个基础材质就是象牙白

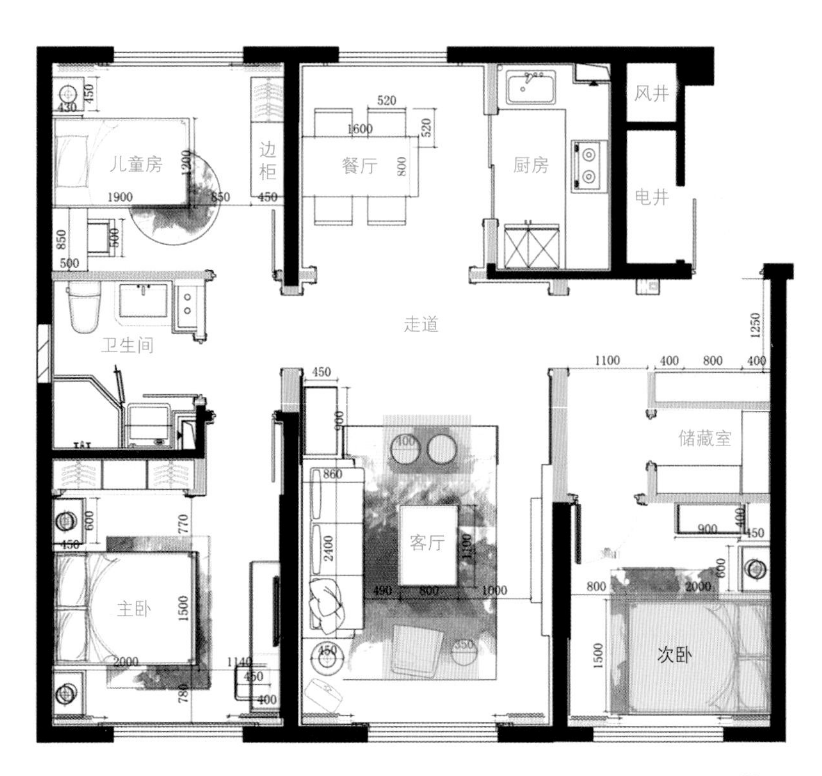


22

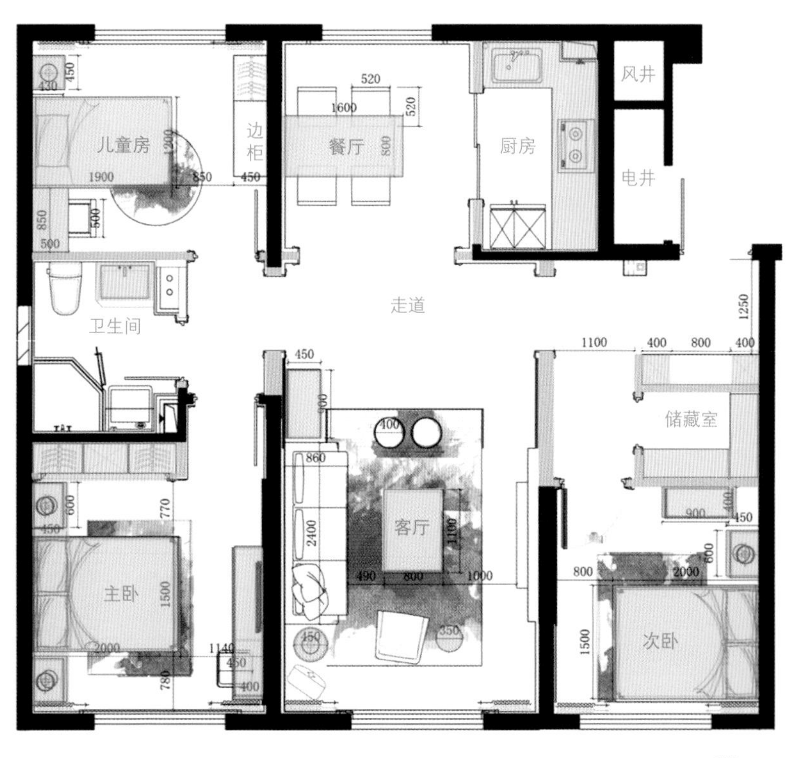


23

图 22 家具尺度的调整
图 23 平面上的软硬装收纳
图 24 效果图分析（1）
图 25 效果图分析（2）
图 26 效果图分析（3）

的乳胶漆、第二个是灰色壁纸、第三个是深咖色的实木地板、第四个是釉色灰色的墙面、第五个是爵士白大理石、第六个是暖灰色织物硬包。

接下来进行硬装色彩的分析。基础色调就是象牙白，辅助色是五十度灰。然后看一下颜色在整个空间的占比，就会得到这样一个比例关系图（图 27）。这个图可以帮助设计师在后期完善软装色彩、面料材质以及整个选材的过程。因为软装是在硬装基础上完成，不能改变硬装，但能在前期通过梳理要求硬装配合软装去做设计。

然后再做一个基础的风格分析。通过分析可以看到一些例如角线、釉色地板、灰墙板这样的设计。但这时候还不能明确定性为法式的、欧式的，或是什么样的风格。在这个阶段只能去确定是一个偏传统、还是偏简洁的空间，也可能定义为轻古典空间（图 28）。因为很多设计并不一定是古典的，或者是现代的，还有把各种空间元素融合在一起的折中主义的做法，所以在这个阶段还不能定风格。

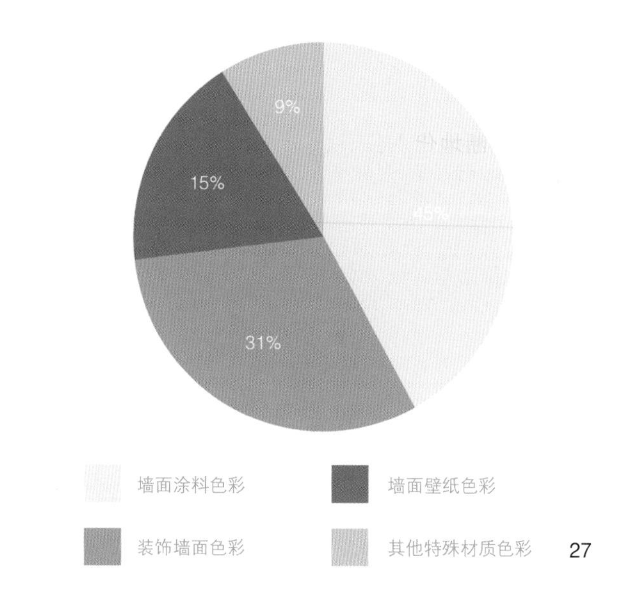

27

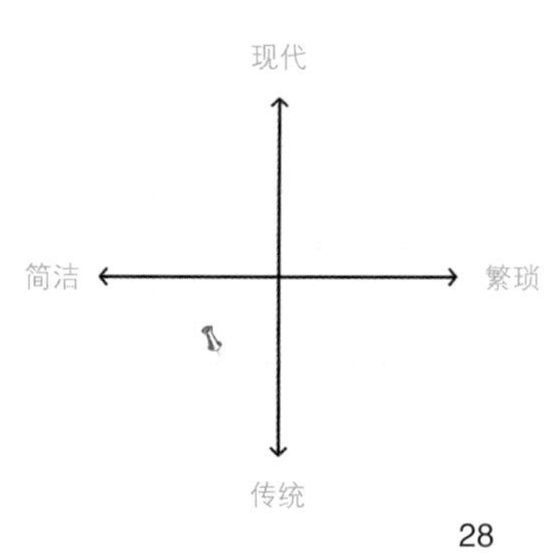

28

图 27 颜色比例关系图
图 28 基础风格分析
图 29 佛山静院项目

## 二、典型客户分析

典型客户分析就是不断地代入分析。通过人格化、故事化，加上角色代入来形成一个空间。

### 1. 人物设定

对样板房来说，每个小区受众都很多，每个人工作、爱好、风格、地点都不一样，人物关系也不一样，所以要从人物分析的这个阶段，分析出一个人群的精神领袖，然后做整个的人物设定，对这个人物进行描摹。

举一个简单的例子，这是一个济南的佛山静院项目（图 29）。佛山静院位于千佛山脚下，是比较好的地段。初期设计师考察了一些与其相似的楼盘，济南单价售价在一万元以上的小区大概有 42 个，分布在不同的地方。通过前期搜索的一些数据，把其他楼盘和佛山静院做一个差异化的对比，最后从这些数据里选出两个做重点对比。然后再从数据中得出一个平方米数和空间的对比，可以看出是一个递进关系。据此得出结论，可能买这个楼盘的客户更注重区位和环境因素，再有就是比较注重高品质生活和单元数量。

29

分析完这些数据，再思考一下，客户为什么要买佛山静院的房子？我们的客户是什么样的人？是多次置业？45岁以上？白手起家？有没有海外生活？对千佛山有什么独特的想法？有什么独特情感？是经商还是信佛？这些可能都是猜测的过程，也是描摹的一个精神数据。接下来了解一下佛山静院的基础资料。样板间建筑面积170m²，四室两厅两卫，1个套间3个单独房间，套内面积147m²（图30）。

综合上面的元素，再结合甲方提供的一些资料，总结出这样一个人物描摹：

范先生

身份：私企老板

家庭角色：父亲、儿子、丈夫

年龄：50岁左右

爱好：书法、茶道、棋艺

交通工具：奔驰轿车

置业情况：市郊280m²联排别墅，此次是二次置业。

细节描述：学中文的范先生，原来在事业单位写写画画，后来下海经商。这些年的奋斗挣的钱也不少了，可是范先生有些累了，他想念以前能静静书写画画的日子，想念有大把的时间可以挥洒的生活，更想有更多时间来陪伴默默支持自己的家人。他选择佛山静院是因为可以在家喝茶练字，他说他的家应该是世外桃源，在这里可以跟家人一起享受轻松又自我的时光。

这段话是综上总结出来的一个人物描摹，可能这个描摹不是大部分人的，只是小众。就如美国的万宝路香烟是卖给所有美国大众男士，但是他的定位是一个牛仔。包括所有奢侈品也一样，他们面对的客户也是小众的人物，但大众会比较向往小众人物的生活，觉得“像他那种生活，就是我想要的”。

这是最后呈现出来的结果（图31～图33）。这是一个新中式的，为什么这样做，后面会提到。这个空间是根据人物的描摹设定去做的，有人物的人格化、故事化以及场景代入。例如，超大的客厅以供业主一家人共度欢聚时光（图34），男主人专属的茶台，能作为个人专属的收纳空间（图35、图36）。

图 30 佛山静院 170 ㎡样板间平面图

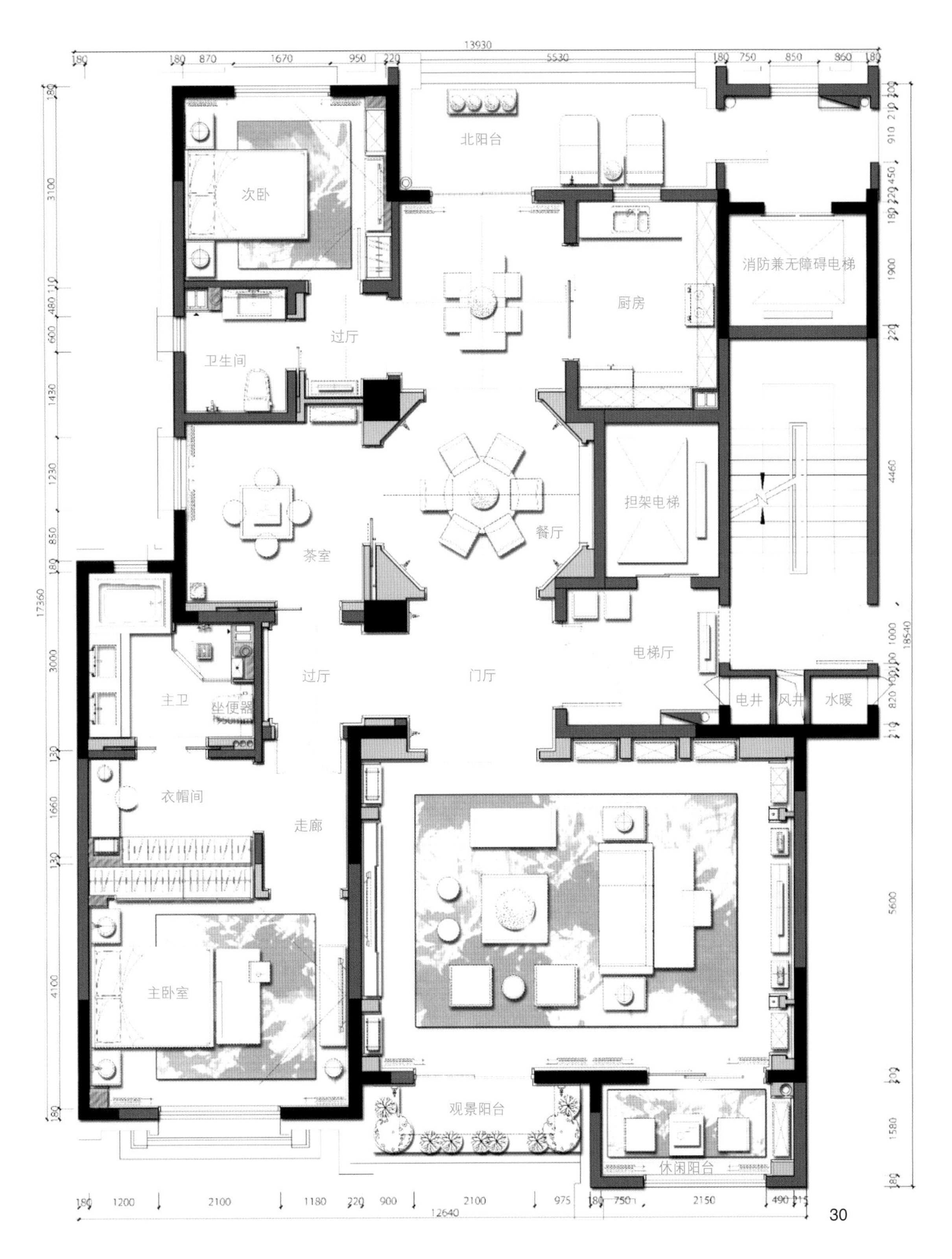

图 31 佛山静院 170 m²样板间实景图（1）
图 32 佛山静院 170 m²样板间实景图（2）
图 33 佛山静院 170 m²样板间实景图（3）
图 34 佛山静院 170 m²样板间客厅
图 35 佛山静院 170 m²样板间茶台（1）
图 36 佛山静院 170 m²样板间茶台（2）

31

32

33

34

35

36

## 2. 风格设定

风格设定是整个方案里最难的部分，因为设计师不知道会用什么样的风格。如果是甲方设定的，也许会遇到一些小众的风格，比如拜占庭风格、路易十六风格、简约美式等。

在讲到风格的时候，比较常见的有新中式、欧式、美式、英式等。一个风格的形成是根据一个地区或一个时代的思潮和灵感而来的，或者是把创作表现化的一个符号。下面重点介绍以下四种风格：巴洛克风格、洛可可风格、中国艺术风格、装饰艺术风格，并对巴洛克风格与洛可可风格做一个对比（以下风格的介绍基于笔者个人理解，旨在为读者提供参考，不代表权威意见。）。

### 2.1 巴洛克风格

巴洛克风格是一种代表欧洲文化的典型艺术风格，于 17 世纪风行于欧洲。其特点是追求不规则形式、起伏的线条和君主宫廷室内奇异的装饰。

巴洛克风格以浪漫主义的精神作为形式设计的出发点，反古典主义的严肃、拘谨，偏重于理性的形式。巴洛克风格虽然脱胎于文艺复兴时期的艺术形成，但却有独特的风格特点。它摒弃了古典主义造型艺术上的刚劲、挺拔、肃穆、古板的遗风，追求宏伟、生动、热情、奔放的艺术效果。巴洛克风格可以说是一种极端男性化的风格，是充满阳刚之气的、是汹涌狂烈和坚实的。多表现于奢华、夸张和不规则的排列形式。大多表现在皇室宫廷的范围内，如皇室家具、服饰、餐具、器皿和音乐等。

概括地讲，巴洛克艺术有如下的一些特点：一是它有豪华的特色。它既有宗教的特色又有享乐主义的色彩；二是它是一种激情的艺术，它打破理性的宁静和谐，具有浓郁的浪漫主义色彩，非常强调艺术家丰富的想象力；三是它极力强调运动，运动与变化可以说是巴洛克艺术的灵魂；四是它很关注作品的空间感和立体感；五是它的综合性，巴洛克艺术强调艺术形式的综合手段，例如在建筑上重视建筑与雕刻、绘画的综合。此外，巴洛克艺术也吸收了文学、戏剧、音乐等领域里的一些因素和想象；六是它有着浓重的宗教色彩，宗教题材在巴洛克艺术中占有主导的地位；七是大多数巴洛克的艺术家有远离生活和时代的倾向，如在一些天顶画中，人的形象变得微不足道，如同一些花纹。

图 37 巴洛克时期建筑手稿
图 38 凡尔赛宫镜厅

17 世纪的西方是巴洛克时代。这是那个时期的手稿（图 37）。从手稿中可以看出，巴洛克风格已经区别于 14 世纪的教皇时代，开始出现一个时代的风格特点。这个建筑运用了一系列的圆柱和宗教人物呈现出空间的内容。这个时期是中国的清康熙年间，在这个时代，法国空前兴盛。但是巴洛克风格并不是在法国兴起的，而是起源于意大利，兴盛于法国。

路易十四时期修建的凡尔赛宫内部主要采用了巴洛克风格。它的建筑讲究两边对称，色彩强烈，造型宏伟。室内用了大量人像、宗教神话作为装饰题材（图 38）。

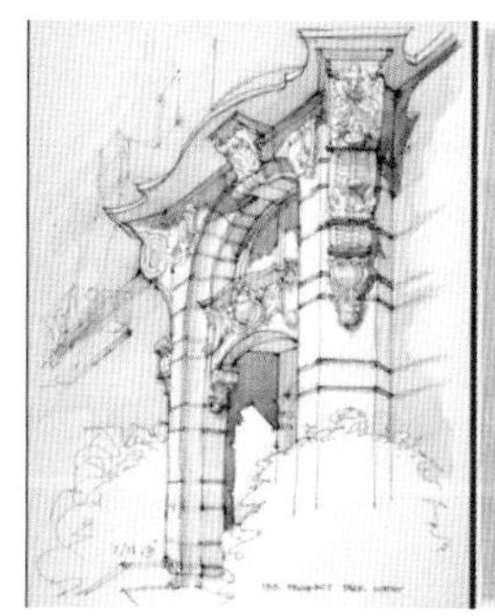

37

38

巴洛克风格家具比较宽大厚重。这是巴洛克时期的一个王座（图 39）。从材质上来看，这个时期流行偏绒布的材质，加了一些金箔银箔在里面。这是一个酒柜（图 40）。

风格是不断递进的，到了晚期，巴洛克风格更加奢华与浮夸。家具上使用了较多人像图案的装饰，并带有浓重的男性气质（图 41）。

## 2.2 洛可可风格

到了 18 世纪，由蓬帕杜女士倡导的洛可可风格影响了整个欧洲。在这个时期，整个室内空间已经向人物走近，宗教元素减少，自然元素增加（图 42）。空间中大量使用叶子、贝壳等做装饰，造型以曲线为主，并采用不对称的设计。洛可可的总体特征为轻快、华丽、精致、细腻、烦琐、纤弱、柔和，追求轻盈纤细的秀雅美，纤弱娇媚，纷繁琐细，精致典雅，甜腻温柔，在构图上有意强调不对称，其工艺、结构和线条具有婉转、柔和的特点，其装饰题材有自然主义的倾向，以回旋曲折的贝壳形曲线和精细纤巧的雕刻为主，造型的基调是凸曲线，常用 S 形弯角形式。这是洛可可时期室内设计的一个图纸版（图 43）。在当时，这些是由建筑设计师完成的。

39

40

41

图 39 巴洛克风格王座
图 40 巴洛克风格酒柜
图 41 巴洛克风格晚期家具
图 42 洛可可风格室内设计
图 43 洛可可风格室内设计图纸板
图 44 洛可可风格家具

洛可可风格家具没有巴洛克风格那么粗犷，更轻巧飘逸，线条也更纤细、更柔美、更女性化。家具上已经出现了精细的花纹图案，增加了大量自然元素（图 44）。

42

43

### 2.3 巴洛克风格与洛可可风格对比

巴洛克风格和洛可可风格很容易混淆，所以在这里做一个简单的对比。

巴洛克风格形成于 1643-1715 年法国国王路易十四执政期间，洛可可风格形成于 1723-1774 年路易十五时期。

44

巴洛克风格脱胎于文艺复兴时期的艺术，突破了古典主义的一些形式。在室内空间经常使用大理石、宝石、青铜和金等装饰，并用强烈的装饰来表达对称感和仪式感。洛可可风格以抽象的火焰形、叶形或者贝壳形的花纹为装饰，使用不对称的花边和曲线构图，展现生动的画面、神奇的雕琢形式。

巴洛克风格用色大胆，主要使用黄、蓝、红、绿、金和银，颜色厚重浓烈（图 45、图 46）。洛可可风格的色彩柔和艳丽，以白色、金色、粉红、粉绿和粉黄等娇嫩的色调为主。

在家具上，巴洛克时代家具尺寸都比较大，结构线条多为直线，强调对称。材料主要是橡木、胡桃木、黑檀木、天鹅绒、锦缎和皮革等。洛可可家具大多以桃花心木制成，再经过镀金和外表包皮革，饰以锦缎或者天鹅绒，家具的脚一般是爪形、分趾蹄形或雕有莨叶。家具风格比较柔美。

在绘画上，巴洛克风格的代表人物是鲁本斯、博朗伦、委拉斯凯兹。既具有宗教色彩又有享乐主义色彩，极力强调运动（图 47）。洛可可风格的代表是布歇、法戈纳等，主要描述上流社会的享乐生活，色彩更娇嫩，着重表现女性的柔美（图 48）。

2.4 中国艺术风格（chinoiserie）

Chinoiserie 本是法文单词，意为“中式的”。所以 chinoiserie 风格，确切地说是中国的装饰主义风格。

45

46

图 45 巴洛克风格色彩（1）
图 46 巴洛克风格色彩（2）
图 47 巴洛克风格绘画
图 48 洛可可风格绘画

据说在 1700 年，路易十四在迎接新世纪晚会上，就策划了一场中国风出场秀。路易十四穿着中国式服装，坐在一顶中国式八抬大轿里出场，引起轰动，可见其对中国的狂热。法国宫廷和上流社会就是风向标，这种风潮后来延伸到欧洲人对中国丝绸、瓷器、漆器等物品，乃至生活习惯的追捧，渐渐延伸到家居装饰、摆件、首饰设计等。

说到这种风格的源起，不得不提到当时中国在世界上的影响力。17 世纪末至 18 世纪末时，中国正值清朝康乾盛世时期，尤其是康熙年间，与欧洲贸易发展快速，大量的茶叶、丝绸、棉布、瓷器和漆器经广州口岸运往欧洲销售。加之来华传教士向欧洲传入中国文化及昌盛之貌，让整个欧洲对中国神往不已，形成一阵“中国热”的风潮。

47

48

所以中国艺术风格，大多是东方风情的中国风，与巴洛克或洛可可风格融合在一起，采用东方的纹样与主题，大面积的贴金与髹漆，色彩多华美绚丽，呈现尊贵质感。穿堂而过的东方屏风、中国红木家具、中国风的瓷器、漆器、刺绣、中国壁画、山水花鸟及手绘人物画，中国风橱柜等，更是成为中国艺术风格常见的元素。18世纪中叶达到顶峰，它是中国的装饰主义风格。因为在大量的设计作品中，包括大师级别的人物，都会用这种综合元素的设定，他们的灵感元素都来自于这个风格。

这是1810年乔治四世王室手绘的屏风（图49），中间图案为布面油画，由罗伯特·琼斯设计。香奈儿创始人，可可·香奈儿也是中国风的钟情者，尤其喜欢收藏中式屏风。在她的家里摆放着各式各样的中国屏风，屏风上雕刻着龙、凤、花、鸟、庭院、人物等东方代表元素。

49

2.5 装饰艺术风格（ArtDeco）

装饰艺术风格首次出现在1925年巴黎世界博览会上，单词的意思是新艺术，装饰艺术风格产生于法国，却兴盛于美国，在当代中国也有很好的发展。

图 49 手绘屏风
图 50 装饰艺术风格建筑
图 51 装饰艺术风格图案
图 52 装饰艺术风格家具（1）
图 53 装饰艺术风格家具（2）
图 54 装饰艺术风格家具（3）
图 55 装饰艺术风格空间

装饰艺术风格主要运用大量混搭元素，硬朗的直线条让整个空间有向上的衍生感，比较有力量（图 50）。向上的线条和角线是这种风格的特点。图案来源多样，有古老图腾和几何化装饰，或将古典符号去掉烦琐的造型，变得更立体、简约。重视几何块体，重复线条以及曲折线条的表现形式。图案多为放射性的太阳花、闪电形、折线形、星星、重叠箭头、金字塔形等（图 51）。材质上主要使用金属、玻璃，再添加一些奢华材料，如铜、瓷器、名贵的纺织面料来提升设计品位。装饰艺术风格对金属和玻璃等材质的运用是其灵魂所在，一些富有异域风格的材质也是必不可少的。色彩上多用一些比较刺眼的亮色或中性色，或是蓝灰和一些低纯度的色彩，如金色、银色、金属蓝以及炭灰等颜色。家具是各种各样材质的混合，会有一些奢华的气质，造型相对简练，注重传统装饰与现代造型设计的双重性，既强调摩登、革新以及与机器生产的结合，同时又保留了许多传统的因素（图 52 ~ 图 54）。受现代主义影响，注重新材料的运用，如钢管家具、镀铬家具、电木等。

装饰艺术风格一个明显的标志是放射形的空间（图 55）。设计师在做新古典风格时，可以作

50

51

52

53

54

55

图 56 用不同风格表现“蓝色海洋”主题空间
图 57 三个不同的橘色空间
图 58 三个不同的新中式空间

为灵感来源。另外，装饰艺术风格的家具形式也可以用在新古典风格的酒店、会所项目中。

## 2.6 风格公式

首先看几个案例。这是用不同风格表现的“蓝色海洋”这一主题的空间（图 56）。它们的硬装都不一样。在第一个空间里，硬装偏少一些；第二个可以定义为地中海或乡村风格；第三个可以定义成一个简约古典风格的空间，第四个可以定义成一个比较现代的空间。

这是全部用橘色表达的三个空间（图 57）。

这是一组用不同硬装和不同材质来表现的新中式空间（图 58）。第一个比较偏现代；第二个偏轻古典，但是用现代元素表现出来的；第三个是一个比较简单的工装空间。

通过以上案例总结出一个简单的公式：空间 + 材质 + 风格符号 + 细节 = 风格。

也就是说，在不同的硬装设计的空间中，加入不同的材质，运用不同风格趋向所代表的符号，然后加入一些特定细节或者场景设计，就能够得出不同感觉的空间风格。只要掌握了这个技

56

57

58

巧以及其中的元素，就可以通过不同的形式来变换不同的空间风格。比如说我们用一个宗教形式的建筑，加上一个轻奢风的材质，使用大量的白色，然后加入自然采光，结果会得出什么呢（图 59）？可能是一个教堂的空间，自然光映射在墙壁上，彰显一种神圣和静谧的空间感觉。如果以上其他元素不变，只是把材质由轻奢风材质换成木头会是什么样子呢？可能会出现篱笆书院的一个空间（图 60）。光影斑驳，木色交错，让人流连于古书今典，编织成细碎的光阴。

在这个公式中，可以套用不同的元素和风格，只要改变某一个点，就可能把空间不停变换风格，或者变得更艺术和雅致，或者更现代，或者更古典，或者更丰富，或者更清晰……

## 三、 设计方案

前面的户型分析和典型客户分析都是为设计方案做准备，设计方案也是整个软装方案的主体部分。只要做好前面的分析，设计方案主体也就基本完成，剩下的就是实施部分，比如对家具选择，这是对审美的考验。下面通过一个完整的设计方案实例，来详细阐述整个设计方案。

59

60

图 59 宗教建筑 + 轻奢材质 + 白色 + 自然光 = 教堂空间
图 60 宗教建筑 + 木头 + 白色 + 自然光 = 书院空间
图 61 济南建邦原香溪谷样板间一层平面改造

这是 2016 年的一个项目，济南建邦原香溪谷样板间，面积 172.5㎡。首先拿到项目，先分三部分去分析。第一部分，户型分析，第二部分，典型客户分析，第三部分，设计方案。

## 1. 户型分析实例

户型分析要去分析它的平面尺度关系。本户型共分为两层，一层分别是客厅、餐厅、厨房、卫生间、楼梯间，二层是主卧、次卧、书房和餐厅。

首先看一下对平面的改动。原始平面在一层入口的地方有一面墙（图 61），这个地方原本是一个餐厅，设计师把它打通了，视线上会变得通透一些。把客厅对面的墙也打开，成为一

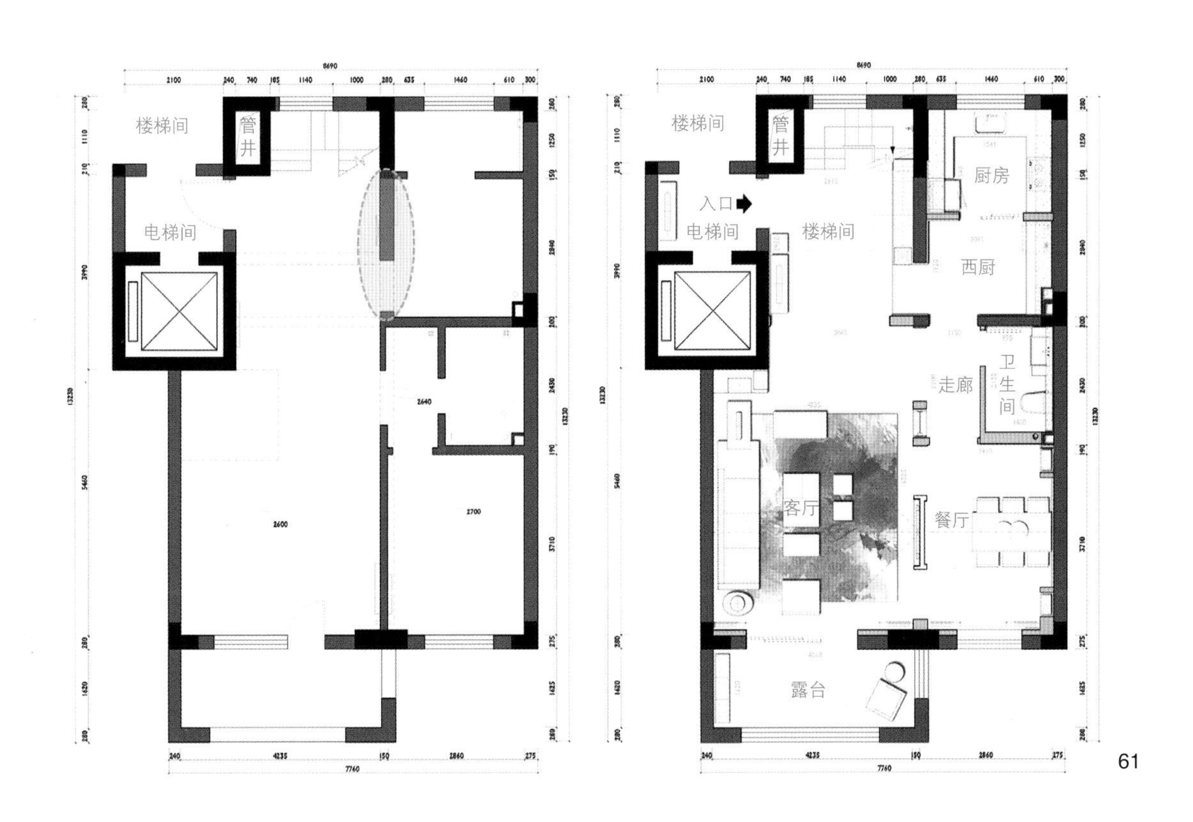

个开放式的餐厅。二层是一个不太合理的空间，一面墙使得整个楼梯间的空间非常狭长，所有的空间，都非常不实用。经过改造之后，使主卧、次卧都成为比较独立、互不干扰的空间，合理了很多（图 62）。然后又做了硬装的收纳，增加了更多收纳空间（图 63）。

## 2. 典型客户分析实例

典型客户分析是通过“人格化 + 故事化 + 角色代入”这样的形式去分析。首先了解整个小区的背景：它位于济南长清区，是个环境非常好的地方，处于长清大学城。在人物上，首先一定要去思考，做的这个样板间目的是什么？针对的客户群体是谁？通过工作、风格、地点、爱好、时机、人物关系等形成一个虚拟的人物。考虑到这个房子处于大学校区，我们定位为大学的艺术教授，这样虚拟出两个人物：

男主人王先生

职业：大学教授

年龄：43 岁

成熟稳重，喜爱艺术，向往恬静静谧的家庭生活，对艺术鉴赏有浓厚的兴趣，常玉是他最喜欢的艺术家，闲暇时约上三五好友一起品一壶茶、刻一枚印章，发现生活之美。

女主人林女士

职业：花艺师

年龄：40 岁

生活不只眼前的苟且，还有诗和远方，在她心中，家是心灵的港湾，亲手做一顿早餐，亦是对生活的咏叹，家里所有的作品都是出自林女士之手。

在做人物设定的时候，一定要定位成一个比较贴合这个小区的人，一定要真实地想，这个人物到底是个什么样的人，不能过于天马行空。通过做的人物设定，可以看到整个空间是偏向于简洁和传统的，想表达一个中国风的空间（图 64）。

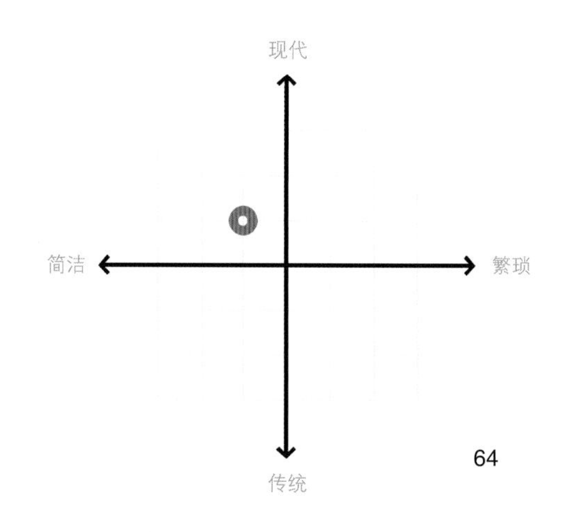

64

图 62 济南建邦原香溪谷样板间二层平面改造
图 63 收纳空间改造
图 64 空间风格偏向

3. 设计方案实例

前面讲到那么多，全部都是铺垫，设计方案才是真正的发力点。前面都在讲怎么思考，现在我们把这些想法融入实施的方案里面。前期，设计师对建筑内部环境做了很大调整，塑造了新的空间秩序。做人物识别就是为了交代这是一个传统的偏简洁的中式空间。

3.1 硬装材料的分析

室内空间有大面积的木饰面橡木色，地板是白玉兰大理石，整个空间有非常大的面积的留白和大面积白色的乳胶漆。

65

3.2 软装色彩分析

室内空间主色调是蓝色，空间色彩来源于艺术家常玉的画作《静月莹菊》（图 65），因为之前的人物定位是一个艺术教授，所以以一幅画作来阐述它的色彩来源。

3.3 收纳空间分析

一层入口打通以后，在餐厅设计了一个早餐台，然后将这个空间全部打通。但是平面图纸上还是坚持了一个空间围合感。这是入口的设计（图 66、图 67），因为整个项目靠近济南的园博园地区，出门便是青山绿水，所以在电梯间做了一个简单的设计，把平时陈列物料展板或者放鞋柜的地方，挂了三幅山水画，开门见“山”，与户外环境做呼应。

之前说过这个空间的主题色彩来源于常玉的《静月莹菊》图，但山水之形是来源于《富春山居图》，因为整个小区坐落在一个山区，设计师想不断将山和树引进整个空间，所以请了一位雕刻师，把《富春山居图》的山形雕刻了

图 65 常玉画作《静月莹菊》
图 66 一层电梯间平面图
图 67 一层入口实景图

出来，应用到各个空间。包括楼梯间下方的假山造型，使用了《富春山居图》中轴那一段。它不是用一整片山石雕刻的，是用一片片的碎石黏合在一起，做成了像一座真实的山的样子（图 68 ~ 图 71）。

图 66 空间入口的位置改装了一个收纳柜。样板间在销售的过程中，客户进来后打开柜子看的时候如果里面空空如也，会很尴尬，为了避免这一尴尬，设计师通过计算，把物品摆放进去。而且同时也可以告诉客户，这个柜子的收纳能力有多强大（表 1）。

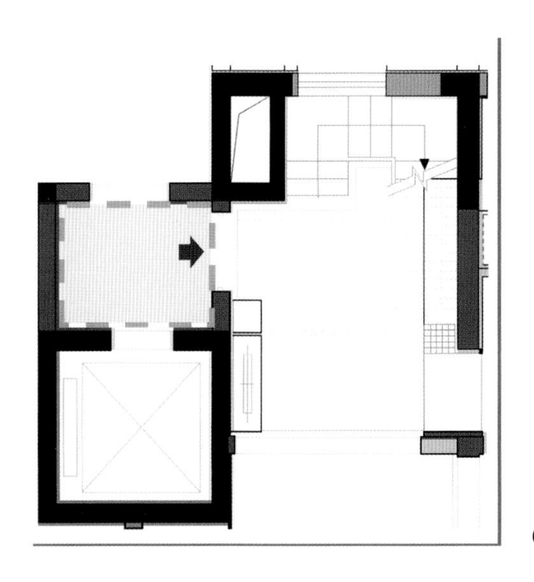

66

67

68
69
70
71

图 68 一层楼梯间平面图
图 69 一层楼梯间方案图
图 70 假山造型
图 71 一层楼梯间实景图
表 1 常用物品储藏方法

表 1

| 分类 | 物品 | 储藏方法 |
| --- | --- | --- |
| 随身物品 | 钥匙 | 宜采用挂钩、小抽屉储藏，所在位置应明显 |
| | 包 | 利用鞋柜台面暂存 |
| | 雨伞 | 干的雨伞悬挂或者竖放在鞋柜内或特定的雨伞框内，宜在玄关设湿雨伞的暂存空间，需要考虑滴落雨水的收集问题 |
| 与鞋相关的工具 | 鞋拔 | 出门穿鞋可能用到，宜悬挂，方便拿取 |
| | 擦鞋工具 | 收纳在工具盒内，宜置于衣帽柜的中低柜位置 |
| 生活辅助工具 | 购物推车 | 竖放在适合大小的格内，也可在玄关空间内设暂存空间，日常也可收纳在服务阳台位置 |
| | 拐杖 | 悬挂或者竖放在鞋柜内，高度易于老人的观察和拿取 |
| | 轮椅 | 折叠以后靠墙放置，折叠后需 300mm×1000mm 的储藏空间 |
| 体育用品（玄关条件不允许的情况下，也可以考虑储藏室、阳台等位置） | 网球拍、羽毛球拍 | 收纳在网球包内，常用情况下竖放在鞋柜中，不常用的情况下宜横放在鞋柜高柜位置 |
| | 球类 | 网框、储物箱等收纳，然后置于鞋柜内 |
| | 单板车 | 竖放在鞋柜内大小合适的格中 |
| | 滑板、滑雪板 | 单板和双板的滑雪板长度较大，宜采用通高的柜体空间竖放 |
| | 折叠自行车 | 折叠后靠玄关的墙放置或者收纳到储藏室、阳台等位置 |

图 72 一层鞋柜位置实景
图 73 一层入口平面图
图 74 客厅效果图
图 75 客厅软装方案

这是鞋柜（图 72、图 73）。人们走进家里，首先会把包、车钥匙等物品放在这个位置，如果走到对面去换鞋，异常麻烦。所以把这个空间当作纯粹的收纳空间，除了装鞋，还可以放一些钥匙等东西。经过计算，三口之家的当季鞋子，应该 35 双左右，所以鞋柜也是按这个容纳量进行打造的。

72

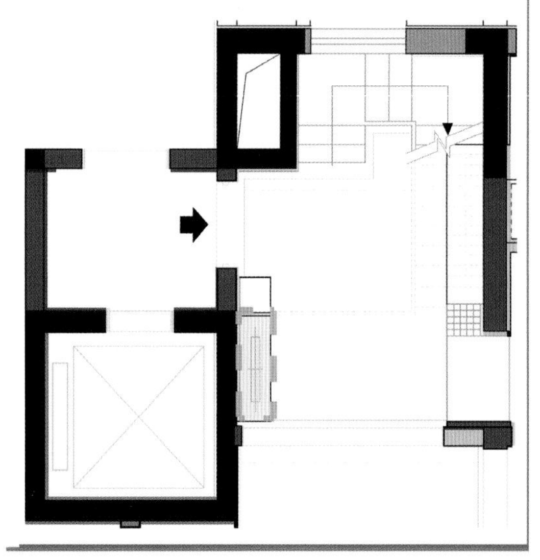
73

### 3.4 最终设计方案

前面做了简单的材质分析，从效果图可以看出是一个偏现代的空间，可以定义成新亚洲空间（图 74）。

这是最初的软装方案（图 75），它是一个比较现代简洁的空间，设计师提取的中国元素是松树，表达古典苍劲的感觉。

在方案阶段，挂画及饰品等的选择是最难的。所有空间里的表现的元素都要符合人物定位，所有画都要有出处，符合整个空间的要求。这个项目的人物定位是艺术学校教授，所以挂画选择了薛亮的《远山图》，因为整个空间比较狭窄，所以设计师希望一幅画能把空间整个景深拉开。在陈设上，艺术学校教授喜爱刻章，

74

75

图 76 餐厅意向图
图 77 餐桌意向图
图 78 早餐厅
图 79 西厨
图 80 中厨

所以刻章必不可少，于是设计师选择了中国古典印章的意向在里面。

餐厅空间很窄，大约不到 2 米。这是餐厅的意向图（图 76），在这里比较注重的是用餐礼仪和用餐秩序，所以家具选择了折中主义的造型。这是餐桌最初的意向图（图 77），但是后期实际实施的时候，设计师认为效果不好，所以改成了用一幅 1 ∶ 1 的《富春山居图》放在上面当桌旗，《富春山居图》上的山水画和背景画融为一体，红色和绿色一直贯穿在整个空间中，这也是一楼空间最亮的地方。

76

77

在这个项目中，餐厅、客厅以及主卧是最重要的空间。早餐厅是常规的、比较偏中式一点的风格（图 78）。西厨房只是简单的茶歇空间，用于喝咖啡吃早点（图 79）。中厨房是重点要展现的空间，也是整个厨房收纳的重点。设计师把它展现成一个具有聚餐形式的空间，在这个空间里会有一些中国元素出现（图 80）。更重要的是，增加了一些情感设计。一般在房子的销售过程中最尴尬的是，销售员好像在很迫切地卖房子，但是又不知道和客户聊什么。于是设计师尝试在厨房设计中加入更多跟客户互动的点，比如做了一个放干果的小区域。如果

78

79
80

81

是女主人带着孩子，在这里放置一些可以吃的坚果，很多小孩子会为此驻留。在这个空间也可以看到整个厨房。

二层比较尴尬的是家居厅的面积非常小，并不能作为一个别墅的家居厅功能使用。因此设计师把原先的墙拆掉，换成玻璃，做了一个玻璃的隔扇，希望把整个客厅和家居厅融为一体，空间会通透一些。当进入这个空间时，会看到一个非常大的开放式的空间（图81）。在这里，设计师希望家居厅成为书房的一部分，因为书房兼具了客房的功能，来了客人也可以居住。这样就将一个空间变成了两个功能融为一体的效果。

家居厅是点到主题的地方，业主是一名大学艺术类教授，是一名老师，喜欢中国古典文化。因此用了最中间的这幅画——常玉的《静月莹菊》，也是整个空间的色彩来源，空间里还有一些当代的艺术，如果买房子的人是普通人，看到这个空间没有任何感动怎么办？因此设计师在这个位置加入了一幅老济南黄河大桥的画，所有济南人看到都会想，我去过这个地方，我家是不是也可以这样（图82）。

书房从图片上看是一个比较简单的空间（图83）。前面交代了人物是艺术教授，喜欢刻章、喜欢中国古典文化。设计师在这里体现了一个刻章的完整的工作状态，这是一个文人或者工匠的工作状态，这里有他的收藏、有他的画和买的一些东西，还有能看出他在工作室的工作状态，这仅仅是在意向里，后面再讲如何实现。书房里的茶台由于空间有限，没办法全做成喝茶的样子，只是体现了一个比较简练的过程。

82

图 81 二层家居厅
图 82 家居厅空间意向图
图 83 书房效果图

图 84 书房刻章
图 85 卧室软装意向图
图 86 卧室效果图
图 87 衣帽间示意图
表 2 男主人衣帽间收纳清单
表 3 女主人衣帽间收纳清单

在书房，设计师设置了营销点，让所有来的人都可以有互动。刻的章上写的是“建邦”“原香溪谷”（图 84），所有来的顾客都可以用这个章盖一个自己的明信片拿走。因为很多销售的画页客户拿回去就丢掉了，但是这种盖章卡片可以当成书签，或者各种各样的小便签。

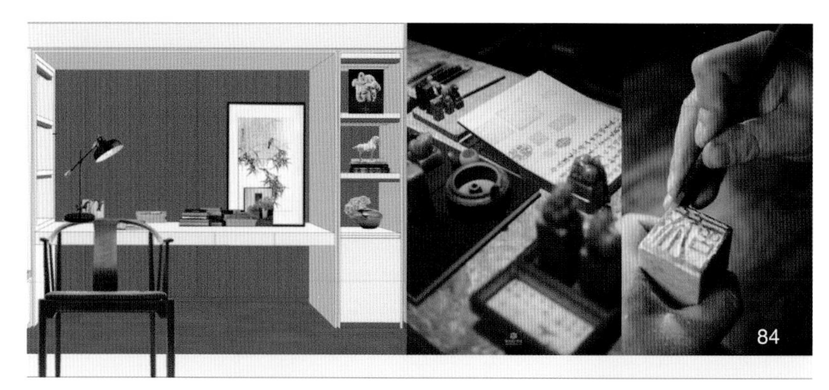
84

主卧原来的设计是硬包加一幅简单的装饰画，但是软装设计师觉得这样的空间看起来非常平淡，所以想在卧室表达更大的意境。最后做了一个新中式的空间，里面加入了一些新古典家具（图 85、图 86）。

85

在衣帽间这个部分，有人认为只是放衣服而已，但对软装设计来说，必须要分清衣帽间是属于男性的还是女性的，因为男性的和女性的衣帽间完全不同。在跟硬装设计师或者甲方合作的时候，软装设计师要给出一些建议。例如，男性的风衣类服装不多，所以很少有超过 1.3m 的衣服；女性的靴子非常多，但男性几乎没有，所以女性的鞋柜要增加一部分空间的高度（图 87）。这些问题最好在硬装阶段就开始注意（表 2、表 3）。

86

次卧的空间非常狭小，需要表现出老人房的感觉。硬装做了一些衣柜。因为项目的周围都是老房子，所以设计师希望用一些老的花窗把空

其他

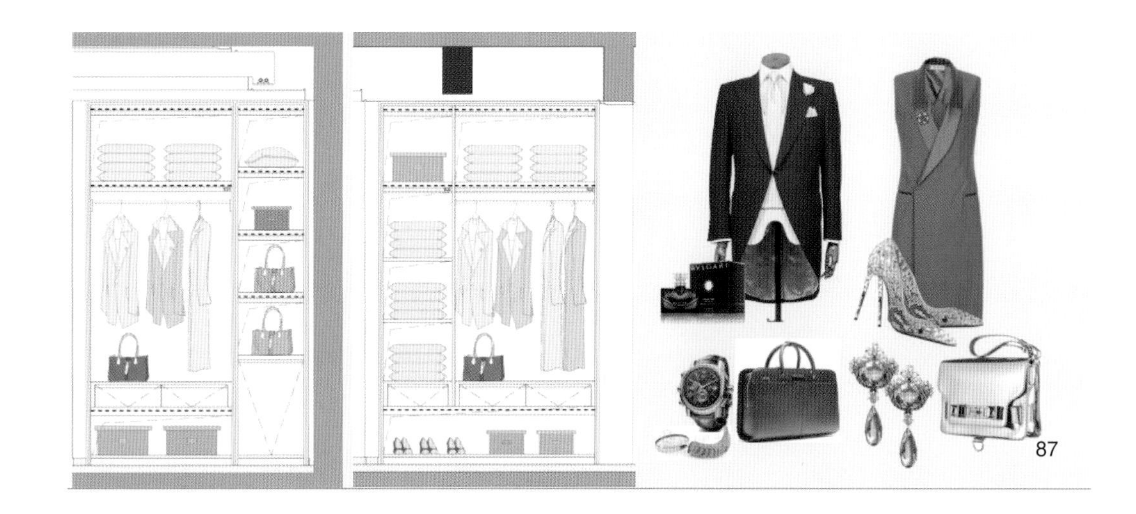


表 2

| 储物盒 | 2 个 |
| --- | --- |
| 衬衣 | 6 件 |
| 西装 | 2 件 |
| 领带 | 4 条 |
| 男裤 | 2 条 |
| 短外套 | 2 件 |
| 包 | 2 个 |
| 大衣 | 2 件 |
| 鞋子 | 4 双 |
| 眼镜 | 1 副 |
| 其他 | 若干 |

表 3

| 储物盒 | 2 个 |
| --- | --- |
| 衬衣 | 4 件 |
| 短外套 | 3 件 |
| 裤子 | 4 条 |
| 连衣裙 | 3 条 |
| 包 | 2 个 |
| 大衣 | 2 件 |
| 鞋子 | 4 双 |
| 眼镜 | 1 副 |
| 其他 | 若干 |
| | |

间烘托出来，更偏向于亚洲空间（图 88）。设计之初，设计师想在后期买一些老窗花之类的东西，做出虚实结合的氛围，但后期实施的时候发现了更好的替换。

最后看一下全套的实景图。首先是入口处（图 89）。

客厅空间和最初方案是完全一样的，代入了印章的元素（图 90、图 91）。只有在方案阶段不断去考究、做人物描摹、想材质是什么，表现形式是什么，表达元素是什么，才能保证最后的实现与方案保持一致。

在餐厅部分，设计师把《富春山居图》完整地实现出来（图 92）。整幅图用在了餐桌上，其他地方通过雕塑、画作来表现，形成一个完整的空间。同时在这个空间里，再次出现了常玉画中的红色，把具象的山不断去物化，然后用花篮的形式表现出来。

89

88

图 88 次卧软装示意图
图 89 入口处实景图
图 90 客厅实景图
图 91 客厅细节
图 92 餐厅实景图

90

91

92

整个二层的空间还是和书房是一体的，走进来后能够感受整个空间的氛围（图 93）。

二层家居厅主要有三种颜色，橘色和蓝色是主色，咖色是辅助色，白色称为无色（图 94）。书房基本上还原了方案设计的感觉，还是把茶台做得非常小，展现出一个艺术家工作的状态（图 95）。这是一个背景的呼应，是在设计之初就想好的（图 96）。在做方案时，有人可能会想，这只是给甲方和客户的一个意向。实际上在做方案阶段，就应该想好呈现出来的是什么样子。反复思考和推敲、反复去做构图，然后再通过定制去实现出来，才能达到理想的效果。

老人房在最初的方案看起来比较简单，比较空旷，实施的时候添加了一些橘色，设计师认为橘色会活泼一些（图 97）。在这个空间里用了花格栅的壁纸，上面是窗花，中间的画是设计师在北京的一个古玩市场里买的一件清末家具的老部件，是一个八仙桌上的构件（图 98）。买下来后做了装裱，让颜色又呼应，同时现场也有历史感，非常沧桑。

主卧也基本上把最初的方案实现出来了（图 99）。只是床头背景的画，被床屏挡住的部分有船，没有体现出来。

当一个方案做完了，如何去打动甲方呢？为什么做方案过程中这么纠结？借用印度导演塔西姆·辛（Tarsem Singh）的一段话来解释一下：“你出了一个价钱，不是只买了我的导演能力替你工作的这段时间，而是买到我过去所有生活精华的结晶：我喝过的每一口酒、品过的每一杯咖啡、坐过的每一把椅子、谈过的每一次恋爱、眼睛看到过的美丽女子和风景、去过的每一个地方……你买的是我全部生命的精华……”

做软装设计，要把对生活的洞察、对美的感知浓缩到短短几十页的 PPT 中，实际上是一件很难的事情。做方案，首先要打动自己，才能打动甲方。

93

图 93 二层实景图
图 94 家居厅实景图
图 95 书房实景图
图 96 茶台细节

94

95

96

图 97 老人房实景图
图 98 老人房细节
图 99 主卧实景图

97

99

# AFTERWORD

# 后记

在我们成象设计有一个口号：不以“拿作品为目的”的设计，都是耍流氓！这是我们对设计师的要求。自 2012 年我们的软装部门成立以来，作品变化非常大。分享我们走过的弯路，希望其他人不要再走一遍，这正是我们出这本书的目的。

（一）

2012 年下半年，我们开始做了第一个软装项目。起初只做硬装设计，后期甲方要求软装一起完成，当时没有软装团队，怎么办？第一想法就是找个专业软装团队合作，最初在济南找到一家公司，合作过程中发现软装水平和我们差不多，最后采买我们自己做了。刚开始不懂，出了很多问题。像四个脚的茶几，有三只脚连接面都开裂了，还有家具的尺寸，觉得家具厂提供过来的图纸没有问题，其实沙发只有 1.5 ~ 1.6m，非常小，放在 120m$^2$ 的房子客厅里，非常不协调。另外还有很多油漆的问题。床品、窗帘等所有物品都是成品（当时还没有定制概念）。床品是交给做床品抱枕的厂家去设计制作的，窗帘交给了做窗帘的工厂，我们觉得他们更专业，最后出来的结果却不尽如人意。这个项目让我们明白，不是所有厂家都能给你好品质。

经验：作品 = 硬装 + 软装。
教训：成品家具、地毯尺寸有问题，需要定制。

（二）

虽然第一个项目存在很多问题，但这个项目后，我们懂得了要想出作品，软装和硬装都要抓，都要硬。从这时候起，我们正式成立了软装部。当时公司没有软装设计师，由当时做施工图绘图员的我和另一个同事，开启了软装团队的建设。

很快我们就接到一个项目。甲方要求的造价非常低，大约 1300 ~ 1400 元 / 平方米，我跟老板商量，造价这么低，能不能让我试验一下，物品全从网上买，这次试验要是失败了，我死心，再找别的方法，老板同意了。做这个项目时，当时参考了邱德光老师的作品，只是没有找到重点。选壁纸时只参考了花纹，没有注意颜色搭配。因为怕出错，选用的都是米黄色大花纹壁纸，觉得降低风险的方法就是保守，选米黄色的壁纸不会犯错。选画没有考虑画面和墙纸花纹是不是重复了，结果做出来很花。当时甚至完全照着邱德光老师的作品采购，茶几上选了两个摆件，但是不知道怎么摆，随便放上就完了。

这个项目最大的问题是家具，因为都是从网上采购的，质量非常差。我记得当时有个电视柜，抽屉的底板掉了。书桌掉三个腿，只有一个腿完好，还有很多这样的问题。这些家具运到现场后，专门请来维修的师傅去修了将近 3 天，花了很高的费用。

我们不怕犯错，怕的是不知道错在哪里。从这个项目以后，我们看了很多大师的作品，还参观学习行业内做得比较好的公司。在 2012 年下半年的一个关键的项目上，我们真正了解了什么是软装。

非常感谢当时甲方对我们的信任，我们的软装能有今天，应该感谢甲方给的这次机会。当时有家上海做了 10 年的软装公司和我们做同一个项目。三个户型，我们做 165m$^2$ 和 195m$^2$ 的户型，上海公司做 253m$^2$ 的户型。这是一次能近距离跟着前辈去学习的机会，很难得。所以每次去工地，我们都先去看 253m$^2$ 的户型硬装怎么做、壁纸怎么选，然后再去看我们自己的户型，对比找到我们欠缺在哪里。这个项目对我们来说意义重大，所以不计成本，只求能出效果。最终呈现的效果甲方还是比较满意的，但现在看还是有很多问题，例如书房空间里面的画都是成品，尺度、画框都有问题。另外，那时候我们对风格的把控还不准确，灯具的选型也存在问题。

有些小伙伴说看到餐桌上黄色的花就知道是我们的作品（图 1），确实我们很多作品都用了黄色跳舞兰，第一次就是这个项目使用的。当时最初的设计是绿色的花，摆上后觉得空间空空的，提不起精神，后来觉得可能是花的原因吧，想更换下试试，当时没有太多资源，在济南的一家小店看到跳舞兰时眼前一亮，更换以后，效果很惊艳。后来我们的很多项

图 1 165m$^2$ 户型餐厅

目都用了黄色花，虽然有的是向日葵、有的是蜡梅、有的是菊花，但都是黄色系。

这个餐厅的餐椅看上去很笨重、做工粗糙。实际上这个厂家非常不错，与很多设计公司都有合作，为其他公司做的家具非常精致，为什么给我们做的家具很难看？后来我们明白了，设计师的设计能力、对效果的把控能力决定了项目的最终效果。

195m$^2$ 户型是我们第一个纯定制的项目，我们特意去布艺厂选面料，面对一屋子布料板，纠结一下午没开始工作，因为不懂，无从下手。当时布板已经做得非常成熟了，一个布板一个风格，一个风格几个色系。岳总（成象老板）提议运用同一布板同一色系，单人椅、主沙发、双人沙发、抱枕、窗帘等，用同风格同色系面料，应该没有问题，但最终效果还是有很大问题，因为这时我们还没解决颜色问题。从这个项目开始，我们特别注意色彩。通过 2012 年下半年的三个项目，总结出血的教训：提高专业技能是唯一正途。

经验：

1. 如果不知道最后呈现的结果是什么样子，最好找一个参考，做稍微调整，起码不会错得太离谱。
2. 黄色跳舞兰点亮空间，给人愉悦感受。

教训：

1. 网上采购不是万能的，特别是家具，如果你全部在网上买，肯定会出现问题。窗帘床品加工店有的只是加工经验，而不是设计经验，设计还是要自力更生。
2. 万能的米黄色花纹壁纸失效了。
3. 同布板同色系不能拯救效果。

（三）

2013 年，我们整个软装部依旧只有两个人。我们注意到了主题。我们发现，

每场时尚秀都有主题，设计大师做项目也有主题，我们为什么不能有主题？很快我们就有了试验项目。这是一个精装公寓，与甲方沟通时了解到，开盘当天有价值两千万的汗血宝马出场。我们想，能不能把“马”引入样板间设计，做以马为主题的公寓？

但是当时我们对主题的理解只是浮于表面，就像外国设计师对中国风的理解。那时对以马为主题的理解，就是出现一个马的雕塑、装饰画而已，生搬硬套、牵强附会（图 2）。

在餐厅中，再次使用了黄色跳舞兰（图 3）。本项目的家具品质有了很大提升。实施过程中，不懂工艺，我们就直接到加工厂向工人师傅请教，了解工艺、材料，再观察对比其他公司产品，找到不同点，调整我们的家具。

2013 年的项目——“蒙德里安”主题精装房（图 4），墙面乳胶漆没有使用保险色——米黄色，尝试使用浅咖色。当时我们已经意识到米黄色是有问题的，于是试着调整。如同做实验，先尝试了比较接近的浅咖色，最终整体效果不错。

图 2 以马为主题的公寓
图 3 餐厅中的黄色跳舞兰
图 4 “蒙德里安”主题精装房

此项目后我们意识到，设计公司应该有自己特质的东西，比如说墙上的字母组合。这个项目图片放到网上以后，很多人打电话询问字母墙。这是我们设计师的 DIY 作品，有一个客户非常喜欢，一直想要得到。有一天，她给岳总发短信说："岳老师您好，今天是我的生日，这个字母墙我已经追了一年，一直找不到在哪里买，您能不能帮我制作一个？"我们觉得客户这么喜欢，作为设计师很感动，很欣慰，最后我们决定圆了她的心愿。下面介绍一下这间儿童房（图 5 ~图 7）。这间儿童房意向图中的床屏拉扣与软包布是同一款面料，实施的时候我们想，房间里的红、绿、粉三种颜色能不能体现在拉扣上？事实证明效果很好。工艺不变，只改变颜色，整个效果就会有很大不同。

经验：

1. 好设计点作为经验需要延续下去，问题点下个项目改正，一点点试错，一点点积累，才能不断完善整体效果。
2. 向专业厂家学习，填补专业不足。
3. 设计公司应该自己特质的东西。

教训：做主题不是简单的生搬硬套。

5

6

7

（四）

在学习过程中，我们也有老师。没有见过面的戴昆老师、琚宾老师对我们的影响非常大。

琚宾老师的新中式风格将中国园林的造景手法运用到室内空间，戴昆老师的美式风格炉火纯青，色彩运用更是精彩。当时色彩还是我们的弱项，所以非常急迫地想找到一把钥匙打开色彩大门。很幸运，2013 年我们看到了戴昆老师的作品，他每次更新作品，我们都第一时间下载学习，然后在我们的项目中试验，慢慢摸索、调整、积累经验。

戴昆老师的作品色彩有的清新稳重、有的强烈明快，看起来都很舒服。他的颜色是怎么运用的？有没有规律？于是我们开始在色环里研究颜色关系，每个项目都从这个角度来研究，慢慢形成了我们的软装色彩体系。

琚宾老师的千岛湖项目，天花上的金属凹槽现在我们的很多项目中也会用到，其实就是最初参考琚宾老师的工艺，进行了改进。

2013 年我们的项目软硬装也参考了琚宾老师的作品（图 8、图 9），琚宾老师的新中式风格在一线城市接受度比较高，对于三四线城市，可能过于简洁，于是我们进行了调整，让空间更有烟火气。书房书架上军罐、

图 5 儿童房（1）
图 6 儿童房（2）
图 7 儿童房床头细节
图 8 客厅（2013 年项目）
图 9 客厅背景墙（2013 年项目）

玉璧、石狮子等重要饰品的选型及摆放位置完全与琚宾老师的作品相同，其他饰品则有调整（图 10）。没有经验时，先向大师致敬。

主卧室因为各种原因有些地方无法实施，我们做了妥协（图 11）。例如，琚宾老师的作品床屏与装饰画是一个整体，我们的床屏和画选择了分开。设计是带着枷锁跳舞，常常要受到经验、造价、硬装本身的限定，有时方案很美，但是受到种种限制实现不了。

经验：

1. 不管什么时候，都要向大师学习，别人已经走过且证明成功的路，没有必要再去摸索，但是运用一定要结合自己的实际情况。

2. 问题出在哪里，就从哪里下手解决问题，虽然不能百分之百实现，但可以尽可能保留精华。要做尝试，看看到底会出现什么样的效果。

（五）

2014 年初的项目（图 12），标志着我们的 $100m^2$ 以下小户型风格确立。我们找到了自己的方向，打造成模板作为基础标准，以后很多项目都是此基础上的优化。

图 10 客厅（2013 年项目）
图 11 书房（2013 年项目）
图 12 主卧室（2014 年初项目）
图 13 书房（2014 年初项目）
图 14 大面积黄色的色彩实验
图 15 大面积红色的琴房
图 16 琴房照片组合

在这个项目里，我们想要表达的是有趣、好玩，所以加入了一些很好玩的元素，比如书房书桌，大家看到花花绿绿的色块，是乐高积木拼的桌面（图13）。很多客户去参观，被这里的用心打动，对这个书桌印象深刻。

至此项目，我们对色彩的运用刚刚进门，研究还在继续。

接下来我们在色彩进行了大胆尝试（图14），当时我们觉得黄色既然能给人带来愉悦感受，大面积黄色是不是效果更好？样板间做出来以后，很多设计师非常喜欢，但是客户不买账。后来我们做了调整，黄色乳胶漆改成咖色壁纸。

同一个户型琴房，用了很大胆的红色，却是一致好评（图15）。红色背景上用了照片组合，照片底版用白色卡纸，效果非常好（图16）。但是有一个小问题，卡纸时间长了受潮弯曲，照片就会掉下来。在下一个项目应用时，我们把卡纸改成了白色亚克力材质，解决了这个问题。

虽然尝试大面积黄色失败了，但我们没有停下脚步，继续大胆尝试色彩。这个项目客厅背景墙用苹果绿乳胶漆，没想到成为业主复制最多的项目(图

17），整体非常简洁、干净，效果非常好，灰蓝色的墙板和橱柜也很惊艳（图18）。

从2014年开始，我们开始研究生活与艺术的关系。例如这个餐厅中的装饰画，临摹了艺术家潘德海的画作（图19），原画是潘德海为歌手林依轮一家四口创作的“全家福”。AD杂志有一期是林依轮的家，这幅画就挂在林依轮家的餐厅里，我们觉得这幅画很有故事，可以把这个故事讲给客户。

这个靠近艺术大学城的项目（图20），客户定位为美术、艺术类教授。考虑到客群的身份、职业、爱好，在二楼正对着楼梯的平台，我们放了贾科梅蒂的雕塑作品——行走的人，效果非常震撼。

经验：好的设计，不只要搭配好看就可以，好的设计会讲故事。
教训：有时从设计角度正确，但是从客户角度有可能是错的。

图17 苹果绿乳胶漆的客厅背景墙
图18 灰蓝色墙板
图19 餐厅中的装饰画临摹了艺术家潘德海的画作
图20 艺术品在项目中的应用
图21 加入了金属和皮革材质的成象大都会风格（1）
图22 加入了金属和皮革材质的成象大都会风格（2）

21

（六）

每个风格的诞生都有其背景，之前我们做 100m² 左右空间，基本都是现代风格，非常简洁。这种风格用到二三线城市是可以的，但是一线城市的房价、客户群与二三线城市不同，对品质的要求更高。风格不变，品质该如何提升？

我们的软装和硬装部门一起研究了这个问题，最终找到了解决方案。我们在硬装中加入了金属材质，玫瑰金不锈钢和硬包结合，形成了成象大都会风格。大都会风格和现代风格的硬装区别就是金属和皮革材质的运用，现代风格可能会用麻和布比较多，而大都会风格为了提升品质感，用金属和皮革比较多（图 21、图 22）。

22

2014年我们还做了其他尝试，从地中海风格中提取元素形成了海滩风格，比地中海风格更精致一些。地中海风格以蓝色、白色为主，原木、吊扇灯是主要元素。对于高中档楼盘，这种风格过于简朴，缺乏品质感。为解决这个问题，我们对地中海风格做了提升，形成成象海滩风格（图23、图24）。

23

但是这种小清新的海滩风格，30岁以下的人会喜欢，35岁左右客户群就不太适合，需要优化调整。这个项目是阁楼，甲方要求做地中海风格，而且品质要保证。如果做地中海风格，在品质感上肯定不能满足甲方要求，如何解决矛盾？于是我们在灰蓝基础色上，又加了橘色调色（图25）。实际上地中海风格不只有蓝色和白色，地中海风格区域是指沿地中海周边，包括托斯卡纳。这个项目我们加入了托斯卡纳的橘色，在饰品和灯具的选型上，舍弃地中海吊扇灯、铁艺灯，选择了铜灯，最后这个项目得到了甲方集团嘉奖。

经验：每一个风格的诞生、每一个项目的最后呈现，都是结合项目本身的特点及要求去量身定制的。

24

25

（七）

我们之前一直做 150 ㎡以下的小户型，2014 年下半年，终于有了一个机会去做千平别墅。

第一个别墅项目 1000 ㎡，大约有 10 亩的院子（图 26、图 27）。这是我们做的第一个大别墅，别墅和平层完全是两个概念，不只是比平层多了几个房间。第一次操作别墅项目，设计师没有经验，非常忐忑，担心出问题。所以我们参考了 2014 年戴昆老师在济南绿城做的御园项目，我们的设计师一遍遍去学习，至少去了御园 10 次。只要遇到自己觉得有疑问的地方，就去御园看一遍戴昆老师的作品。

别墅家具的体量偏大，特别是欧式家具和美式家具。戴昆老师的家具是直接从国外进口的品牌家具，我们的项目造价低，只能国内定制，但要求能达到进口家具的效果。所以当时我们按 1 ∶ 1 的比例测量了戴昆老师项目的家具尺寸再加工，此项目完成后，我们对别墅欧式家具的尺度已经很有把握了。

这是同一项目另外一个 $600m^2$ 的双拼别墅，新中式风格（图 28 ～图

图 23 成象海滩风格（1）
图 24 成象海滩风格（2）
图 25 优化后的海滩风格
图 26 $1000m^2$ 别墅客厅
图 27 $1000m^2$ 别墅餐厅

30）。以前我们做过 130m² 的新中式，但 600m² 的别墅与 130m² 平层面对的客群、档次都不一样，考虑到这些问题，我们把硬装和软装都做了一些调整，包括灯具等。这个产品出来以后，因为品质感高，非常受地产公司欢迎。

2015 年，我们对大都会风格进行了升级。把之前的大都会风格做了一个优化，在选型和色彩的把控上都有了一定的提升。成象大都会风格也基本定型（图 31、图 32）。

当新中式风格和现代风格都有了成熟模板，把两种风格结合起来组成一个新的东西，会碰撞出什么样的火花？ 2015 年，我们通过项目进行了尝试，把新中式和现代风格做了融合，形成现代中式风格（图 33 ~ 图 35）。整体的感觉更现代，亦有中式的味道在。

经验：当一个产品成熟以后，一定要积累下来一些经验，用到下一个项目里。好的地方要延续，在细节方面要继续优化。当达到满意时，把它当成模板定下来，下次再做的时候，只在主题、色彩等做局部调整即可。

28 29 30

图 28 新中式别墅（1）
图 29 新中式别墅（2）
图 30 新中式别墅（3）
图 31 大都会风格优化（1）
图 32 大都会风格优化（2）

33

34

（八）

软装设计要求从业者不仅要有空间美学、陈设艺术的综合审美能力，同时还要考虑实际生活功能、材质风格、意境体验、甲方的个性偏好，这就要求软装设计师要有极高的综合素质，以及设计落地的把控能力。

设计师们一个个作品的诞生，背后是从灵感到方案、从思路成型到落地，一个优秀作品的诞生，背后是一遍遍的方案调整、空间复尺、家具打样、和供货商和甲方的每一个细节确认，甚至最后在摆场时，一件饰品的角度和位置还需要不断调整。同时，设计师还需要不断学习国内外的最新知识，不断地读书充电提高自身修养和审美能力。

软装市场的需求在一直增加，软装行业又是新兴行业，大量的行业新人迫切需要汲取知识养分，所以近年来，软装类的书籍和培训在市场上受到欢迎和追捧。成象设计于 2016 年年底，也尝试做了一次软装培训。大概是因为实景作品比较受欢迎的缘故，大家给予了我们充分的信任，三天时间报名人数已经超出场地限制，培训结束后也受到了一致好评。

同时，我们发现目前市面上软装类的书籍，讲理论的多，讲实践的少。所以我们决定把这次培训的内容，经过再次的总结梳理，丰富填充，形成一本可以指导大家实际工作的参考书籍。

我们作为一家厮杀在一线的设计公司，在实际工作中，踩过很多雷，遇到过很多坑，犯过很多错，我们把每一次的错误都变为学习和总结的机会。我们希望这本书可以对大家的实际工作起到指导的作用，让大家少走一些弯路，少踩一点雷。

何景 林青

图 33 现代中式风格（1）
图 34 现代中式风格（2）
图 35 现代中式风格（3）